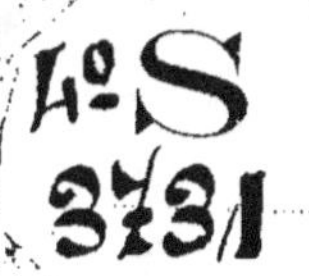

AF249214

J.-B. ROUBIER

LES ABEILLES

de

l'AFRIQUE ÉQUATORIALE FRANÇAISE

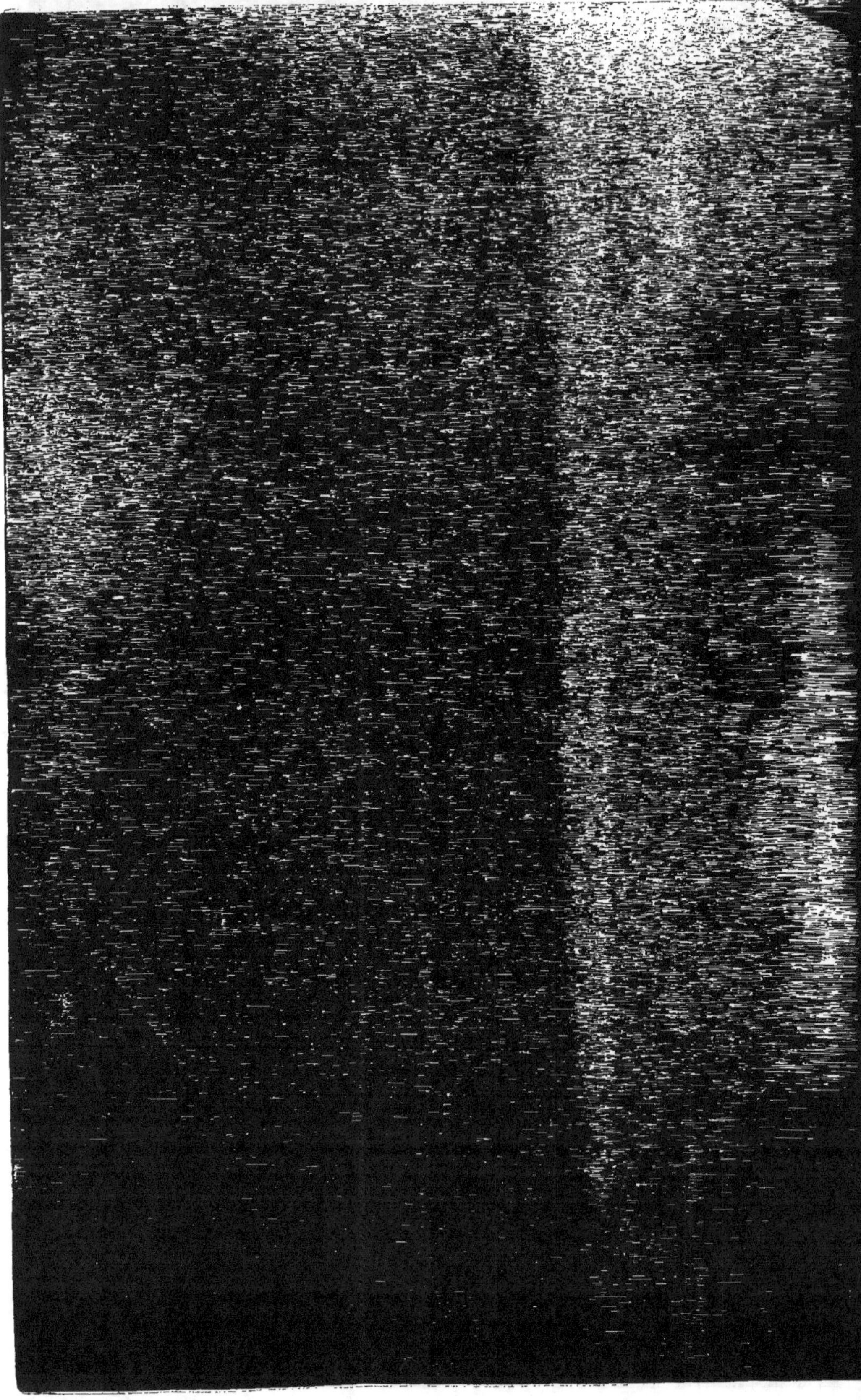

J.-B. RUEHER

LES ABEILLES

DE

L'AFRIQUE-ÉQUATORIALE FRANÇAISE

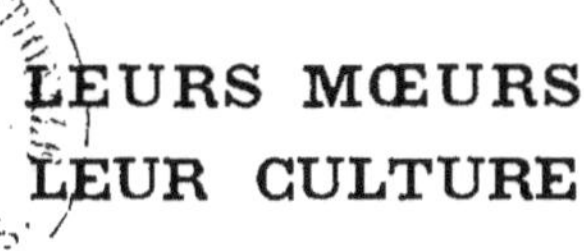

LEURS MŒURS
LEUR CULTURE

Instructions et Méthodes pratiques et faciles
pour l'APICULTURE
rationnelle et moderne

IMPRIMERIE COMMERCIALE ET ADMINISTRATIVE MARCEL ROUX
89, avenue Félix-Faure, 89
PARIS (XVe)

LETTRE-PRÉFACE

Fervent du miel, je suis un profane en apiculture.

Pourtant, je tiens à rendre hommage à votre remarquable travail, dans lequel j'ai goûté d'autant plus d'intérêt que, pour la première fois, j'en lisais un de cette nature.

A la suite de mon honoré et vieil ami, M. P. PRIEUR — un professionnel émérite et bien connu dans le monde des apiculteurs — je vous félicite de vos judicieuses réflexions et de vos patientes observations sur les mœurs des abeilles congolaises, fruit de longues et passionnées recherches, pour lesquelles votre mérite est d'autant plus appréciable que vous êtes le premier à recueillir et à rédiger ces observations si laborieuses; vous y avez sans doute trouvé du « piquant », et vous l'avez transformé en un miel littéraire et pratique pour quiconque voudra suivre vos traces.

Vous devenez ainsi le créateur de l'Apiculture équatoriale française.

Vous avez bien voulu me dire que l'inspirateur de cette science... douce et fructueuse avait été, pour vous, votre premier évêque Sa Grandeur Monseigneur P. AUGOUARD, qui vous avait puissamment encouragé à cultiver cette branche scientifique; tous ceux qui l'ont connu ont constaté son flair à découvrir nombre de richesses cachées dans le centre du noir continent et à en deviner l'emploi charitable et économique.

En écrivant votre plaquette, vous aviez l'affectueuse intention d'honorer sa mémoire et de lui payer votre dette de gratitude : c'est fait.

Je souscris donc volontiers — et fraternellement — à ses encouragements et vous souhaite une complète réussite qui peut apporter de réels profits, — économies ou bénéfices — à votre Mission, et à toutes les Missions qui consentiront à suivre votre exemple. Cette industrie — m'a-t-on assuré — ne laisse pas que d'être fort rémunératrice; vos imitateurs vous béniront d'avoir mis vos premiers efforts à leur disposition pour procurer à vos Missions, toujours si pauvres, une ressource ignorée jusque-là.

Les principes sont établis, et magistralement ; la pratique ne peut être, que facile désormais.

En outre, la colonie du Congo Français bénéficiera avantageusement de vos procédés clairs et méthodiques : c'est encore un service que vous rendez à la France.

Louis AUGOUARD,

Chanoine honoraire.

Poitiers, le 26 mai 1926.

APPROBATION

de sa Grandeur Monseigneur GUICHARD

Vicaire Apostolique de Brazzaville

Mon cher Frère,

C'est une opinion admise par beaucoup que les missionnaires sont souvent ingénieux, industrieux, persévérants et, par suite, de bons artisans du progrès aux colonies.

Leurs séjours prolongés dans les mêmes contrées leur permettent de se familiariser avec le pays et avec les gens, d'étudier les coutumes et les langues indigènes où quelques-uns sont des maîtres incontestés.

Ils n'hésitent pas à entreprendre ce que d'autres, à tort ou à raison, plus préoccupés de leurs intérêts que de ceux de la Colonie, convaincus d'ailleurs que « la meilleure colonie est encore la France », n'auront ni le temps, ni le courage d'entreprendre.

Mon cher Frère, vous continuez la tradition de ces missionnaires, industrieux et chercheurs de progrès... Vous vous êtes même spécialisé dans une branche jusqu'ici inexplorée au Congo : « l'Apiculture équatoriale ».

L'ouvrage que vous livrez au public est intéressant : il retiendra l'attention et il rendra service.

Depuis de longues années, j'ai suivi vos efforts pour domestiquer vos sauvages bestioles et j'ai souvent admiré votre patient labeur... J'ai parfois même craint que les résultats ne répondraient pas à votre obstination !...

Mais la période d'essai terminée, je suis sûr que vos ouvrières, royalement logées dans vos ruches adaptées à leurs mœurs congolaises, répondront à vos soins intelligents, se mettront généreusement au travail et nous régaleront de leur nectar.

Ce dont je vous félicite surtout, c'est d'avoir créé une industrie jusqu'ici inconnue au Congo. Puisse votre expérience aider ceux qui voudront s'adonner à l'apiculture rationnelle, méthodique, et leur éviter des tâtonnements qui ne vous ont pas découragé.

Avec mes sincères félicitations pour vos efforts, je vous adresse, cher Frère, mes meilleurs vœux de plein succès, vous souhaitant des élèves nombreux et, plus tard, des concurrents dans une production toujours plus abondante.

Firmin GUICHARD,
Vicaire apostolique de Brazzaville.

Brazzaville, le 14 janvier 1928.

**

*
*

J'ai parcouru avec un vif intérêt votre remarquable étude sur les abeilles équatoriales de l'Afrique française et je ne saurais trop vous encourager à la publier. Elle sera un guide vraiment précieux pour tous ceux qui travaillent à mettre en valeur les richesses de nos colonies. Votre exemple leur montrera que les abeilles peuvent contribuer, pour leur modeste part, à améliorer le sort de nos Missionnaires et Coloniaux, tout en leur procurant, à leurs rares moments de loisirs, une distraction des plus saines et des plus agréables.

Soyez donc félicité d'avoir si bien observé et décrit les mœurs merveilleuses de nos insectes mellifères, de les avoir si habilement domestiqués et d'avoir enfin créé l'apiculture au Congo. En faisant connaître vos travaux et vos expériences, vous rendez très grand service à ceux qui, après vous, tenteront l'élevage des abeilles dans nos colonies, car ils posséderont, grâce à vous, des directives et des méthodes sûres et adaptées aux conditions spéciales, du milieu, ce qui leur permettra d'éviter les déboires et les tâtonnements toujours désagréables du début.

En contribuant à propager l'apiculture moderne dans nos possessions africaines, vous ferez, n'en doutez pas, une œuvre humanitaire des plus utiles et dont la France, qui, par ses Missionnaires, prêche en ces pays la civilisation et le progrès, ne pourra que se montrer justement fière et reconnaissante.

P. PRIEUR,
Rédacteur de l'*Apiculture française,*

AVANT-PROPOS

A notre époque où tant d'ouvrages et tant de brochures ont été écrits sur l'Apiculture par d'éminents praticiens et professionnels, nous nous demandons s'il n'est pas inutile de présenter nos modestes travaux sur les abeilles équatoriales, dans le but d'en promouvoir la culture rationnelle et moderne en Afrique, semblablement à celle qui se pratique en Europe et en Amérique.

Pourtant, tout n'a pas été dit sur cette admirable science qu'est la culture de ces hyménoptères : c'est un vaste terrain sur lequel on découvrira, sans doute, encore du nouveau.

Sans avoir la prétention de traiter de questions et de méthodes nouvelles, nous croyons être utile en indiquant ici quelques adaptations pratiques, dont une longue expérience a démontré les avantages dans les circonstances particulières où elles ont été mises à l'essai.

Nous tenons à déclarer, au début de cet opuscule, que notre initiation à la science apicole s'est faite à peu près exclusivement à la lecture de l'*Abeille domestique*, de Iches (1), et de l'excellente revue *Apiculture française* (2), mais surtout à l'étude de l'*Abeille et la Ruche*, de Langstroth et Dadant (3). Ce dernier ouvrage fut, à nos débuts, notre unique guide. C'est à lui que nous sommes redevables de nos succès (1er prix à l'Exposition coloniale de Brazzaville, 14 juillet 1923 et 1927.)

Le présent travail, composé d'abord pour notre usage personnel,

---

(1) Garnier Frères, éditeur, 6, rue des Saints-Pères, Paris (VIIe).
(2) Amat, éditeur, 11, rue de Mézières, Paris (VIe).
(3) Payot, éditeur, boulevard Saint-Germain, Paris (VIe).

renferme, malgré sa brièveté, tout ce qu'il est utile et nécessaire de savoir pour acquérir une connaissance sûre et suffisante sur l'éducation des abeilles.

Par là même, il s'adresse bien moins aux initiés qu'aux débutants.

N'eût été, d'ailleurs, l'obligation, en quelque sorte, de répondre au désir de nombreuses personnalités coloniales, nous nous serions, sans nul doute, gardé de livrer ces pages à la publicité. C'est précisément pour satisfaire leurs pressantes et aimables invitations, que nous avons rédigé ce traité court, simple et clair, d'après le relevé presque journalier de nos expériences et de nos observations, au cours des cinq premières années de notre séjour en Afrique.

Le but que nous nous proposons, en relatant comment nous sommes arrivé à faire de l'apiculture rationnelle, méthodique et pratique, avec des abeilles sauvages vivant dans les forêts et qu'on disait intraitables, est de rendre service à tous ceux qui désirent cultiver cette branche instructive et en même temps rémunératrice.

Si autrefois, à de nombreuses questions posées et aux renseignements demandés, nos réponses étaient prudentes et circonspectes, c'est qu'alors nos études et nos expériences n'étaient pas terminées.

Aujourd'hui, nous pouvons les donner avec assurance, et les personnes désireuses de faire l'élevage des mouches à miel trouveront ici des enseignements intéressants, mais surtout pratiques, des méthodes simples et sûres, dûment expérimentées, pour la réussite facile de l'apiculture africaine.

Avouons, aussi, que nos débuts ont été difficiles et médiocres, et que, pendant plus d'une année, nous avons continué les tentatives, les observations, pour arriver enfin à un résultat satisfaisant. Nous sommes certain que nos continuateurs, s'inspirant des doctrines du présent ouvrage, n'auront pas à essuyer les ennuis et les insuccès dont nous avons été la victime.

Bien que ce traité se recommande spécialement aux coloniaux, il se pourrait que plus d'un apiculteur d'Europe y trouvât des applications pratiques et même des avantages, par l'emploi, sinon de notre ruche transformée dite « *La Congolaise* », du moins de notre système de cadres.

Puissent donc ceux qui liront les pages de cet ouvrage, puissent-ils prendre goût à cette culture scientifique, intéressante et se procurer à eux-mêmes, outre le doux et abondant nectar, des joies inconnues sans trop souffrir des piqûres de ces merveilleux insectes qu'on nomme « *Abeilles* ».

Qu'il nous soit permis d'adresser ici notre souvenir reconnaissant à tous les honorables coloniaux, civils et militaires, qui nous ont soutenu et encouragé dans notre entreprise, en particulier :

Mgr. GUICHARD, évêque de Brazzaville.

M. AUGAGNEUR, alors gouverneur général de l'A. E. F.

M. ALFASSA, gouverneur du Moyen-Congo et Secrétaire général du Gouvernement général.

MM. DE GUISE et MARCHAND, gouverneurs des Colonies.

M. le docteur BLANCHARD, directeur de l'Institut Pasteur.

M. ANTONETTI, gouverneur général de l'A. E. F.

Paris, 1926 — Brazzaville, 1927.

INTRODUCTION

LES ABEILLES SAUVAGES

Dès notre arrivée à Brazzaville, — 1920 — nous remarquâmes, à des périodes plus ou moins longues, des essaims d'abeilles venant se suspendre aux orangers, aux mandariniers, aux palmiers, dans notre propriété. C'étaient de belles grappes, d'un volume de dix à quinze décimètres cubes. Elles restaient ainsi suspendues des heures entières et même pendant plus d'une journée, malgré un soleil très ardent.

A considérer et examiner de près ces jolies bestioles, à la forme bien faite, à la chitine d'un beau jaune-orange; à les voir si tranquilles, si inoffensives, qui se douterait que, sous cette apparente douceur, se cache une irascibilité sauvage ?...

La tentation nous prit de nous en emparer et de faire, de notre propre chef, l'élevage de ces admirables hyménoptères sur lesquels nous possédions quelques notions purement théoriques.

Après plusieurs essais pénibles et infructueux, parce que nous ne connaissions pas les mœurs de ces abeilles, nous résolûmes d'aller étudier sur place, dans la forêt, leur emplacement, leurs constructions et leurs habitudes, avant d'entreprendre la véritable culture domestique qu'on disait impossible. Bien des mois se passèrent ainsi en observations, en tâtonnements, en opérations souvent douloureuses; mais « qui veut la fin, prend les moyens ».

EMPLACEMENT

Les abeilles sont habiles à découvrir et à choisir l'endroit qui leur plaît.

Voici une brousse, pour ainsi dire impénétrable, dominée par des arbres innombrables, volumineux et d'une hauteur parfois prodigieuse. L'un ou l'autre de ces géants est défectueux, ou plutôt, son tronc, à quelque endroit, est attaqué, plus ou moins creusé par les vers. Le creux, souvent d'une grande capacité, ne se révèle que par un ou deux trous qui peuvent échapper à des regards distraits, non pas aux yeux perspicaces des abeilles : elles ont trouvé là une ruche quasi faite.

Constructions

Sitôt la nouvelle demeure découverte par les abeilles-éclaireurs, celles-ci, aidées au besoin par des centaines de leurs compagnes qu'elles sont allées prévenir et chercher, commencent à la nettoyer : mettre dehors les débris de bois sec ou pourri, tuer les vers, les enlever ou les emmurer avec de la propolis. D'ailleurs, elles tapisseront, petit à petit, tout l'intérieur de cette matière résineuse et collante. Quand l'habitation est assez propre et convenable, l'essaim, précédé et conduit par les éclaireurs, ira s'y installer et les bâtisses commenceront sans retard.

La construction des rayons se fait par en haut, si le plafond s'y prête ; par en bas, dans le cas contraire. Les rayons à cellules d'ouvrières ont une épaisseur de 24 mm. — les deux faces comprises — ceux de mâles, 30 mm. Ils sont bâtis perpendiculairement, se suivent parallèlement et l'espace entre eux est à peine de 10 mm. Ils sont seulement, mais solidement, attachés au plafond, rarement et par endroits aux parois. Ils descendent souvent jusqu'au fond, selon la hauteur qui est parfois considérable. Dans une de nos opérations nous avons récolté des gâteaux de 70 cm. de long sur 55 cm. de large.

Mœurs

Les abeilles établies dans la forêt, à l'état sauvage, s'entend, sont très irascibles. Elles attaquent, sans être provoquées, quiconque, homme ou animal, se trouve ou marche à proximité de leur demeure : elles sont constamment sur leurs gardes. Chose étonnante ! ces mêmes bestioles, à l'état d'essaim libre, sont assez faciles à capturer ; — nous en avons plusieurs fois fait l'expérience — seulement, il faut savoir s'y prendre et, de plus, choisir le bon moment. Il n'en va plus ainsi pour déloger et capturer une colonie établie.

Elles travaillent assidûment, suivant les saisons, le matin de 5 à 10 heures, peu entre 10 et 16 heures, normalement de 16 à 18 heures. Malgré leur activité fiévreuse, elles font peu de réserves en miel. Elles consacrent tous leurs soins à l'élevage du couvain et n'ont d'autre préoccupation, semble-t-il, que de se reproduire et d'essaimer.

Quand les rayons sont devenus vieux et noirs, elles abandonnent leur habitat pour un nouveau. Jamais elles n'entrent dans un creux d'arbre où les constructions sont vieilles et délaissées; probablement à cause des teignes qui pourraient s'y trouver. Avant de quitter, pour toujours, leur ancienne demeure, elles attendent que tout le couvain soit éclos et tout le miel absorbé. La mère est avertie d'avance, pour ainsi dire, et cesse de pondre. Ce trait de mœurs subsiste encore, quand les abeilles sont domestiquées; seulement, elles ne désertent la ruche que si celle-ci est envahie par la teigne ou par des coléoptères noirs, de taille et de forme de la coccinelle.

APICULTURE INDIGÈNE

Disons aussi un mot sur la conception qu'ont les habitants du pays de l'élevage des mouches à miel.

L'apiculture, proprement dite, est totalement inconnue des indigènes. Avant notre entreprise à domestiquer les abeilles sauvages, les Noirs ne soupçonnaient même pas la possibilité de capturer et subjuguer ces bestioles. Aussi, ces malheureux et pourtant si utiles insectes, sont-ils encore considérés comme redoutables et malfaisants, semblablement aux animaux féroces de la brousse. Tous les moyens sont bons pour détruire quantité de colonies établies dans les arbres creux, afin de s'emparer d'un peu de miel et de couvain : mets très appréciés du palais des naturels.

Heureusement pour les amis de nos hyménoptères, bien rares sont les hommes hardis, chasseurs d'abeilles!

Dans notre contrée, les moyens de destruction sont simples, mais quelque peu barbares et par trop radicaux : l'abatage des arbres et le feu.

Plus haut, dans l'OUBANGUI, les indigènes semblent plus ingénieux et partant plus humains!... à l'endroit des abeilles. Ils suspendent aux branches des arbres, à l'aide de fortes lianes, des paniers cylindriques, se terminant par une calotte, faits avec des lianes ou les grosses nervures des branches de palmier et enduits, à l'extérieur, de terre et d'argile mélangés. A l'intérieur, aucun aménagement, à peine quelques bâtonnets. Le bas du panier reste ouvert afin de pouvoir surveiller l'avancement des bâtisses. Voilà leur ruche!

Les abeilles ont-elles achevé les constructions ? Les indigènes descendent alors le panier rempli, mais le laissent suspendu à une certaine hauteur, au-dessus d'un feu produisant une fumée âcre et intense. La population ailée, menacée dans son existence, ne tarde pas à déloger, à se sauver; ainsi, la récolte du miel, du couvain et de la cire est facile et sans danger.

Voilà pour les abeilles à l'état libre ou sauvage; voilà toute la science des Congolais à pratiquer l'apiculture!

Nous aborderons maintenant l'étude intéressante sur la culture rationnelle et pratique de ces mêmes insectes, mais domestiqués méthodiquement.

Cependant, on nous saura gré de donner auparavant une étude succincte sur l'anatomie et la physiologie de notre hyménoptère.

AVIS IMPORTANTS

Voulez-vous devenir un véritable apiculteur, cher lecteur ?...

Eh bien! voici les qualités essentielles que vous devez avoir ou acquérir :

Soyez énergique, courageux et patient; d'un caractère doux et ferme; d'une vie sobre et rangée; propre dans toute votre personne.

Dans les opérations, ne tâtonnez pas : allez-y sans hâte, mais sans hésitation; évitez les gestes et les mouvements brusques, même si une abeille vous pique; surtout, gardez-vous de blesser ou d'écraser des abeilles, ce qui exciterait la colère des autres.

Pour acquérir l'expérience et la sûreté de main dans telle ou telle opération, essayez-la plusieurs fois d'abord sur une ruche garnie, mais non peuplée.

Ayez le coup d'œil d'un observateur à qui rien n'échappe dans la vie, les mœurs, les habitudes, les besoins des industrieux insectes que vous désirez cultiver. Les abeilles, de leur côté, auront vite fait de découvrir vos qualités et vos défauts, vos goûts et vos habitudes.

Enfin, soyez un familier pour elles et non un étranger : visitez-les chaque jour, traitez-les doucement, amicalement, familièrement. En retour, elles vous connaîtront de vue et surtout d'odeur, — quoi qu'on en dise — vous respecteront et vous aimeront. Cette amitié réciproque vous procurera des plaisirs vrais, des joies inconnues et, peut-être aussi, au commencement, quelques petites douleurs!...

PREMIÈRE PARTIE

ANATOMIE ET PHYSIOLOGIE DE L'ABEILLE

CHAPITRE PREMIER

NOTIONS ÉLÉMENTAIRES (Anatomie)

En général, pour devenir un artisan vraiment capable et habile, il est nécessaire de connaître et la théorie et la pratique de l'art que l'on veut professer. Le praticien sans le théoricien n'est qu'un demi-professionnel, mais le contraire serait pire.

Eh bien! si cette observation est juste pour n'importe quel métier, elle l'est plus encore quant à l'apiculture qui renferme à la fois une science profonde et un art merveilleux.

Est-il indispensable de posséder à fond cette science qui consiste dans la connaissance complète de l'anatomie et de la physiologie particulières de l'abeille ouvrière, du mâle et de la femelle, ou mère, pour devenir un bon et habile apiculteur ? Pas précisément.

L'art, comprenant la pratique rationnelle avec les méthodes reconnues les meilleures, joue le principal rôle dans la réussite de la culture des abeilles.

Pourtant, ne négligeons pas les notions élémentaires de cette connaissance et, alliant la science à l'art, soyons de parfaits apiculteurs, à la fois théoriciens et praticiens.

Définition

Les abeilles, communément appelées mouches à miel, sont des insectes appartenant à l'ordre des Hyménoptères, c'est-à-dire : à métamorphoses complètes et à quatre ailes membraneuses, translucides et nues. Elles vivent à l'état sauvage ou domestique, en nombre considérable qu'on nomme essaim ou colonie.

Une colonie d'abeilles renferme trois sortes d'individus :

1º l'abeille ouvrière, ou femelle incomplète ou neutre.

2º l'abeille mâle, ou faux-bourdon.

3º l'abeille mère, ou femelle parfaite et féconde, improprement appelée reine, car elle ne règne ni ne gouverne.

I. — Anatomie Externe

Le corps de l'abeille se divise en trois parties distinctes : la tête, le corselet ou thorax et l'abdomen.

La tête comprend les yeux, les antennes et la bouche.

Les yeux sont de deux sortes et au nombre de cinq. Deux à facettes multiples ou yeux composés : ils sont placés des deux côtés de la tête et servent à voir de loin. Trois simples, convexes et petits : ils se trouvent, en triangle renversé, au sommet de la tête et servent à voir de près.

Les antennes, au nombre de deux, sont des appendices articulés fixés sur le front. Ce sont les organes du toucher, de l'odorat, de l'ouïe et même du langage.

La bouche se compose de deux mandibules, de deux mâchoires et d'une langue ou trompe.

Le corselet, formé de trois segments bien unis, porte les quatre ailes et les six pattes. Chez l'ouvrière seule, les pattes sont pourvues de poils récolteurs de pollen ou brosses, et les postérieures ont en plus une cavité appelée corbeille à pollen ou cueilleron.

L'abdomen est divisé en six segments ou anneaux, composés chacun d'un arceau dorsal et d'un ventral, unis entre eux par une membrane flexible.

II. — Anatomie Interne

Le corps de l'abeille renferme les systèmes nerveux, musculaire et circulatoire; les appareils digestif, respiratoire, cirier, génital et venimeux.

Le système nerveux est formé par des ganglions reliés entre eux, distribuant des nerfs dans toutes les parties du corps.

Le musculaire y est très développé : de nombreux muscles font actionner les pièces buccales, les ailes, les pattes et les divers appareils.

Le circulatoire comprend le cœur : sorte de tube, divisé en cinq compartiments ou **ventricules** et qui se termine par une aorte.

L'appareil digestif se compose de l'œsophage, de glandes salivaires, du jabot ou réservoir à miel, de l'estomac, des intestins et du rectum.

Le respiratoire est constitué par des tubes ou trachées et par des sacs trachéens.

Le cirier est un appareil glandulaire qui sécrète la cire; seule l'ouvrière le possède.

Le génital est composé, chez les femelles : de deux ovaires latéraux, de deux tubes ovariens, d'un oviducte et d'une poche à sperme ou spermathèque; chez les mâles : de glandes muqueuses, de deux testicules, deux vésicules et d'un conduit séminal.

Le venimeux, chez les femelles seulement, — les mâles n'en ayant pas — est formé de deux glandes et d'un réservoir à venin, d'un dard ou aiguillon.

Les organes, dont sont composés les différents systèmes, se répartissent judicieusement dans les trois parties du corps.

La tête contient les ganglions du cerveau et des yeux, des glandes salivaires.

Le corselet comprend d'autres glandes salivaires, les trachées, l'aorte et l'œsophage.

L'abdomen renferme le cœur et ses ventricules, les sacs trachéens, le jabot, l'estomac, les intestins, le rectum, les appareils cirier, génital et venimeux.

Ces caractères anatomiques sont, à peu près, communs aux trois sortes d'individus mais non identiques, comme nous l'avons vu.

La suite nous fera connaître d'autres différences existant entre chaque type, vu dans son rôle particulier.

CHAPITRE II

DESCRIPTION DE L'ABEILLE (Physiologie)

I. — L'Abeille Ouvrière

L'ouvrière (fig. 1) est le plus petit de taille, mais le plus utile des trois habitants de la ruche. Aussi est-elle en plus grand nombre : par dizaines de mille.

A part ses organes génitaux incomplets, elle seule possède tous les caractères anatomiques dans leur intégrité et leur plénitude. C'est juste! car elle est la pourvoyeuse, la providence de la colonie, et, par extension, celle de l'apiculteur. Si bien outillée, elle est donc capable de remplir et de mener à bien les multiples fonctions que le Créateur lui a confiées. Elle ne faillira pas à ses devoirs, et son activité fiévreuse ne connaîtra ni trêve ni repos, jusqu'à ce que, épuisée par la fatigue, la vieillesse ou la maladie, elle tombe sous le coup d'un trépas obscur.

Fig. 1.
Ouvrière.

Quels sont ses labeurs ?

L'abeille ouvrière récolte le pollen et le nectar des fleurs, cherche l'eau et la propolis, change le suc des fleurs et des plantes en un miel doux et odorant, élabore la cire, produit d'une merveilleuse modification du miel et du pollen qui constituent aussi sa nourriture. Elle construit les rayons avec la cire, échauffe, soigne et élève le couvain — nom donné aux différents états de la métamorphose : œuf, larve et nymphe, — ventile et nettoie la ruche, la garde et la défend au besoin; fait des réserves de miel et de pollen pour les mauvais jours.

Elle veille sur la mère, lui présente la nourriture, la brosse et la soigne, lui témoigne du respect et de l'affection; et pourtant, chose étrange! c'est encore elle qui s'occupe à remplacer cette mère respectée et chérie, quand celle-ci devient âgée ou impropre à perpétuer la race; car, dans la société des abeilles, ce dicton seul compte : « Le bien général avant le particulier. »

Jeune, l'ouvrière s'adonne spécialement aux travaux d'intérieur : construction des rayons, élevage du couvain, soin de la mère, gardiennage, ventilation et nettoyage de la ruche; plus âgée, elle préfère les travaux des champs ou butinage.

Une vie ainsi employée et aussi active ne saurait être bien longue. En Europe, sa durée est de cinq à sept semaines pendant la bonne saison; de quatre à six mois pendant l'hiver. En Afrique-Equatoriale, où il n'y a pas d'hiver, elle est de deux mois dans la saison pluvieuse, environ de trois mois dans la saison sèche.

Les ouvrières, les mères et les mâles proviennent des mêmes œufs pondus par une femelle fécondée, mais leur développement, leur élevage s'accomplit dans trois sortes de cellules.

Les œufs, — quoique déjà féconds en eux-mêmes — devant donner des ouvrières ou des mères, donc des femelles, seront encore fécondés avant la ponte, c'est-à-dire imprégnés du sperme ou spermatozoaires du mâle; tandis que ceux devant produire des mâles ne le seront pas. Pour atteindre leur développement complet, ils subissent tous les mêmes transformations, dont le temps varie suivant le type d'abeille.

La durée des métamorphoses pour les abeilles tropicales est la même que pour les européennes. Nous n'avons jamais constaté une différence sensible, un écart d'éclosion marqué, comme on serait tenté de le croire, bien que la chaleur extérieure soit souvent plus élevée que dans la ruche même qui garde une température moyenne de 30° C.

Les phases de la transformation sont de quatre : l'*embryon*, la *larve*, la *nymphe* et l'*insecte parfait*.

L'abeille ouvrière a pour berceau la plus petite des deux sortes de cellules hexagonales régulières, et la durée de sa métamorphose est de vingt et un jours ainsi répartis :

De la ponte à l'éclosion de l'œuf : trois jours.

De l'état de larve à la transformation en nymphe : dix jours.

De la nymphose à l'abeille parfaite : huit jours.

Le 22e jour, l'ouvrière sort de sa cellule. Elle quitte la ruche et va butiner le 8e jour généralement après sa naissance.

La nourriture donnée aux larves — femelles et mâles — pendant les deux premiers jours, est une gelée blanchâtre produite par la sécrétion des glandes salivaires et par le tube digestif ; les jours suivants elle est remplacée par un mélange de miel, de pollen et d'eau. Seules, les larves de mères sont nourries exclusivement de cette gelée, appelée aussi « gelée royale », pendant leur nourrissage. Celui-ci dure cinq jours pour les ouvrières et les mères ; six jours pour les mâles. Au bout de ce temps, les cellules sont fermées par des couvercles mous et bombés, ou opercules, composés de cire et de pollen. On dit alors : *couvain operculé* (fig. 2 *a*). Il est facile de le distinguer du *miel operculé* (fig. 2 *b*),

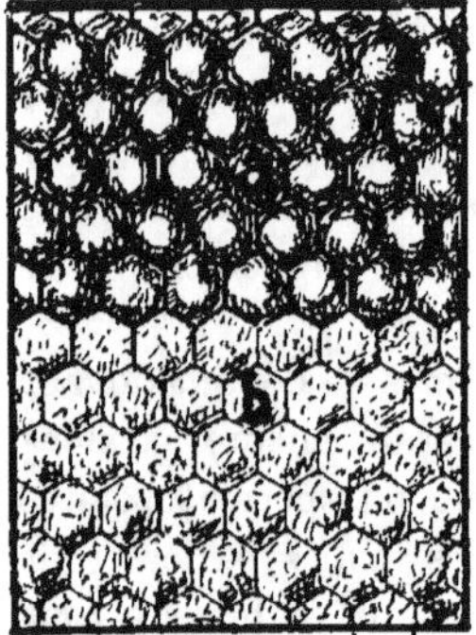

FIG. 2.
a) COUVAIN OPERCULÉ.
b) MIEL OPERCULÉ.

celui-ci ayant des couvercles plats et durs en cire.

Parmi les ouvrières, il s'en trouve aussi de pondeuses. Extérieurement elles ne diffèrent en rien des autres abeilles ; cependant, leurs ovaires sont plus développés. Certains auteurs pensent que cette anomalie provient de ce que les abeilles ont été élevées auprès d'alvéoles maternels et, ainsi, ont été nourries, plus longtemps et plus abondamment que les autres, de la gelée particulière ou royale. Quoi qu'il en soit, les pondeuses sont incapables d'être fécondées et ne produisent que des œufs éclosant en mâles, tout comme une mère non fécondée. Elles sont dites « *bourdonneuses* » et ne pondent que quand la colonie est orpheline sans retour.

L'abeille ouvrière, si parfaite, si active, si utile, est quelque peu à redouter à cause de son dard, dont la piqûre est assez douloureuse et occasionne une inflammation par l'injection du venin. Est-on piqué ? Retirer vivement l'aiguillon en le grattant avec l'ongle, s'éloigner immédiatement des ruches et, pour calmer la douleur et l'enflure, frotter doucement l'endroit avec un peu d'ammoniaque, de vinaigre ou d'eau salée.

En somme, après quelques piqûres, l'apiculteur finit par être immunisé. Cette sorte de vaccination — dans une certaine mesure, s'entend — lui sera avantageuse et même nécessaire pour le gouvernement des abeilles, comme nous l'avons éprouvé nous-même après le baptême des dards.

La piqûre entraîne la mort pour l'ouvrière, par suite de la rupture de l'intestin dont une partie reste avec l'aiguillon (1). Mais la conséquence de la piqûre ne se rapporte qu'à des matières charnues et à des tissus serrés et non pas à l'organisme des insectes, dans lequel les abeilles peuvent lancer et retirer le dard sans en être incommodées.

II. — L'Abeille Mère

Cette abeille (fig. 3) se reconnaît facilement des autres par sa forme allongée. Elle est plus grande que l'ouvrière, moins grosse que le mâle. Sa langue est courte, ses ailes sont petites et légèrement croisées sur le dos, ses pattes longues et dépourvues de corbeilles et de brosses; son dard est quelque peu recourbé et incapable d'être lancé dans la peau.

Du reste, elle ne pique jamais, même si on la maltraite. Elle semblerait connaître les funestes conséquences pouvant résulter d'un mouvement de colère. Elle ne s'en sert que contre une rivale, entendant rester seule maîtresse dans une colonie.

Se rencontrent-elles à deux ? Un combat acharné se livre jusqu'à ce que l'une d'elles succombe, poignardée par l'aiguillon de l'autre. Quand les hasards de la lutte les mettent dans la position « ventre à ventre » (2), où elles pourraient se donner mutuellement le dard, — ce qui entraînerait la mort de toutes deux — elles lâchent prise et abandonnent momentanément le combat.

Naturellement, la plus jeune ou la plus vigoureuse remportera la victoire. Pendant la querelle, les abeilles sont très énervées, mais n'interviennent pas, à moins qu'elles ne désirent essaimer. Dans ce cas, elles protégeront celle qui doit partir avec elles, et c'est toujours la vieille mère.

L'abeille mère n'a ni jabot ni appareil cirier, — ces mystérieux laboratoires à miel et à cire des ouvrières, — ses sacs trachéens sont réduits. Par contre, son appareil génital est très développé aux dépens du respiratoire;

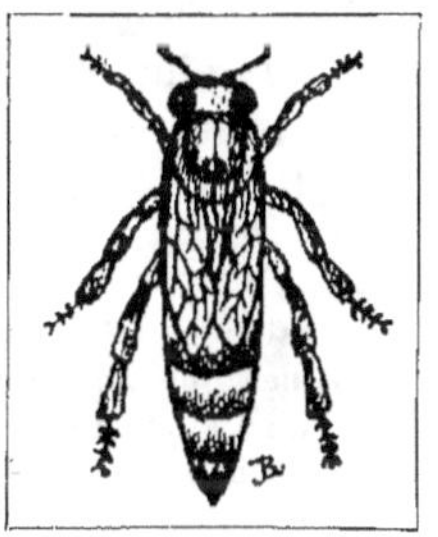

Fig. 3.
Mère ou Reine.

---

(1) Très probablement, l'abeille mère, pour cette raison, ne pique jamais.

(2) Dans nos expériences, avec une ruchette d'observation, nous avons remarqué que deux mères, enfermées avec des ouvrières, se sont livré combat pendant plusieurs heures, sans pourtant le terminer. Nous avons vu, plusieurs fois, le cas de position « ventre à ventre » et, chaque fois, elles tombèrent du rayon sur le plateau où elles lachèrent prise.

Le lendemain, les voyant intactes, vivantes et se battant à nouveau, l'idée nous vint aussi ses deux ovaires occupent-ils la plus grande partie de l'abdomen.

Chaque ovaire, en forme de calebasse, rempli d'œufs, se termine, à la partie ronde, en un tube ovarien finissant à l'oviducte, sur lequel est greffée une pochette : la *spermathèque*, qui recevra la liqueur séminale du mâle : les *spermatozoaires*, lors de l'accouplement. Les œufs, en passant par les tubes dans l'oviducte, seront, au moment de la ponte, fécondés ou non par cette substance, suivant qu'ils doivent produire des ouvrières ou des mâles.

Grâce au complet développement et à l'ingénieuse disposition de ses parties génitales, cette abeille est vraiment une femelle parfaite, capable d'être fécondée par un mâle et apte à remplir son rôle unique : « *pondre* ». Mais, pour être véritablement « *Mère* » pouvant procréer des individus des deux sexes, il est indispensable qu'elle ait été dûment et normalement fécondée par un mâle sain et robuste.

Pour accomplir la fécondation, acte essentiel et unique dans sa vie, elle sort de la ruche vers le 4e jour après sa naissance. Elle renouveillera ses sorties jusqu'à ce qu'elle ait pu rencontrer et accepter l'élu qui paie de sa vie le don de lui-même.

L'accouplement a lieu dans les airs, jamais dans la ruche. Son vol nuptial accompli, la mère rentre au logis qu'elle ne quittera plus sinon pour suivre un essaim ; car, fécondée maintenant pour la vie, elle peut dorénavant produire des mâles et des femelles sans contracter une nouvelle union (1)

---

de connaître leurs sentiments en se trouvant seules en présence. Ayant laissé sortir les abeilles, qui sont allées rejoindre leur ruche, nous nous mîmes en observation. A notre grand étonnement, les mères ne se disputaient plus : elles étaient presque constamment ensemble, se caressant, se consolant, pour ainsi dire. Deux jours durant nous les avons laissées ainsi sans qu'aucune d'elles n'ait été tuée et, pourtant, le rayon contenait du couvain et la ruchette quelques ouvrières.

Que conclure de ces faits ? Voici notre opinion, mais sous toute réserve, n'ayant pu faire l'expérience suivante avant notre départ.

Des jeunes femelles, pensons-nous, éclosant dans une ruchette sans abeilles, auront les mêmes sentiments fraternels que les deux mères susmentionnées, et d'autant plus qu'elles sont vierges.

Quelle aubaine, pour l'apiculteur éleveur de mères ! Quelle sûreté pour les sauver du massacre par la première née, et quelle facilité à les garder et les échanger contre des vieilles ou des défectueuses, sans avoir besoin de recourir au greffage ou à d'autres opérations longues et difficiles, parfois hasardeuses et inutiles.

Enfin, nous émettons la même hypothèse sur la possibilité de la fécondation artificielle des mères en lieu clos. L'avenir le démontrera, mais nous devons dire que, jusqu'ici, toutes les tentatives faites dans ce sens se sont montrées infructueuses.

(1) Les faits suivants, entre autres, nous ont vivement intéressé et édifié :

1º C'est de voir une mère pondre dans des cellules à peine ébauchées, même sur cire gaufrée, et ces œufs donner des ouvrières exclusivement.

Jeune et féconde, la mère peut pondre jusqu'à 3.000 œufs par jour, c'est-à-dire en 24 heures, surtout pendant la saison propice : juillet à février. La première année, elle produira presque exclusivement des ouvrières, peu de mâles ; la seconde, quoique encore assez féconde, elle ralentira sa ponte qui donnera des abeilles nombreuses, mais aussi beaucoup de mâles ; enfin, la troisième année, âgée, fatiguée, sa spermathèque épuisée, elle ne pondra presque plus que des œufs de mâles : elle devient bourdonneuse, inapte à continuer le rôle utile et nécessaire de procréatrice. Elle est à remplacer. L'apiculteur ou les ouvrières s'en chargeront, et avant l'échéance fatale.

Ce mot « bourdonneuse » rappelle des cas de mère non fécondée qui peuvent se présenter. Lors donc qu'une jeune femelle n'a pu être fécondée par un mâle, dans l'espace de vingt jours après sa naissance, elle ne pourra plus l'être et restera vierge, et bien que non fécondée, elle peut pondre des œufs féconds donnant la vie à des êtres, mais mâles, « qui ont néanmoins la même puissance paternelle que ceux d'une mère dûment fécondés. » (BARTHÉLEMY, *Apiculture française*, juillet 1925.)

Ce phénomène s'appelle la « *Parthénogénèse* », c'est-à-dire : enfantement d'une vierge. Elle fut découverte, au milieu du XIXe siècle, par M. l'abbé DZIERZON, curé en Silésie. Dans ce cas, la mère est dite bourdonneuse et n'est d'aucune utilité pour la colonie qui périra infailliblement si l'on n'y porte remède.

De tout ce qui vient d'être dit, il résulte qu'une abeille mère

---

2º Dans une autre ruche pourvue d'une femelle assez jeune et fécondée, voulant empêcher l'élevage des mâles par des rayons à petites cellules uniquement, nous avons été bien surpris d'y découvrir un peu de couvain de mâles.

3º Une autre fois, le contraire a eu lieu : du couvain d'ouvrières dans de grands alvéoles.

4º Dans une colonie sauvage, nouvellement capturée avec ses rayons pourvus de couvain et de miel, mais sans la mère, et restée orpheline pendant 56 jours, — y compris les 15 jours de l'élevage d'une autre femelle, — nous avons constaté, après 20 jours, un certain nombre de cellules maternelles, quelques-unes normalement écloses, d'autres operculées et, pourtant, pas de mère dans la ruche, mais seulement quelques mâles.

Très intrigué par cette anomalie, nos visites furent plus fréquentes après ce 20e jour et, trouvant toujours des alvéoles de mères, nous ne comprenions plus rien.

(Il est vrai qu'à cette époque nous étions encore novice en apiculture pratique.)

Or, vers le 40e jour de l'orphelinage, voulant avoir le cœur net, nous prîmes le rayon portant les cellules maternelles pour les examiner attentivement. A notre stupéfaction, nous y constatâmes des individus ressemblant non pas à des femelles, mais bel et bien à des mâles !..... et nous avons compris !.....

Immédiatement, nous avons détruit le rayon qui renfermait encore des œufs. Le lendemain, nous avons donné à la colonie un morceau de rayon contenant des œufs et des larves d'ouvrières. Deux jours après, trois cellules maternelles étaient édifiées sur les endroits choisis et préparés ; treize jours plus tard, une belle et jeune mère se fécondée est la raison d'être d'une ruchée. Sans elle, point de pro-création; sans elle, la population existante court à sa perte, à sa destruction, à moins que, avant de disparaître, elle n'ait laissé des œufs fécondés qui permettront aux ouvrières d'élever de nouvelles femelles.

Dans les cas d'orphelinage et de mère bourdonneuse, l'apiculteur doit y remédier en donnant aux abeilles soit une femelle, soit un alvéole maternel operculé, soit un rayon garni d'œufs ou de larves d'ouvrières.

L'œuf fécondé destiné à donner une mère, — la larve peut l'être aussi, à condition d'avoir moins de trois jours d'âge, — est entouré d'une cellule spéciale, et passe par les mêmes métamorphoses que l'ouvrière; seulement, la larve est nourrie exclusivement de la gelée royale pendant les cinq jours de son nourrissage.

C'est dans cette gelée mystérieuse, jointe aux conditions énoncées, que réside la vertu de la transformation d'un œuf ou d'une larve femelles en une femelle parfaite. L'œuf ou la larve mâles ne peuvent pas changer de sexe : ils ne donneront que des mâles, quand bien même ils seraient élevés dans des cellules maternelles. Nous l'avons vu précédemment.

La durée de la métamorphose de l'abeille mère est de quinze jours, comme il suit :

État embryonnaire : trois jours.

État larvaire : huit jours.

État de nymphe : quatre jours.

---

trouvait parmi les abeilles considérablement réduites en nombre. N'empêche qu'avec un peu de soin et de secours, cette ruchée est devenue l'une des meilleures en force et en durée.

Conclusion : Depuis ces constatations et d'autres, notre conviction que la mère fécondée a reçu du Créateur le don de pondre, à volonté, des œufs fécondés ou des œufs vierges, en d'autres termes : *le privilège du choix des sexes*, s'est fortement accrue en cette faveur qui a ses partisans et ses adversaires. Le mécanisme de la ponte est encore enveloppé d'un mystère qui, espérons-le, sera dévoilé à l'avenir.

Ensuite, nous remarquons que les ouvrières ont également reçu un pouvoir : celui de changer la destination des œufs fécondés mais non pas des œufs vierges, sans cependant déterminer ou changer le sexe des œufs.

Donc, en résumé, et certes d'accord avec le plus grand nombre d'apiculteurs sérieux, nous croyons que la mère fécondée est « l'arbitre de la détermination des sexes et que les abeilles sont les arbitres de la destination des œufs » (Barthélemy, *Apiculture Francaise*, juillet 1925), mais seulement des fécondés ou de sexe femelle.

Quoi qu'il en soit, il en est de certains mystères de la Nature comme de ceux de la Foi : la science est impuissante à les expliquer, notre intelligence incapable de les comprendre. Ne cherchons donc pas à les pénétrer, à les discuter au delà du permis, du raisonnable; mais acceptons-les pourtant, en admirant les œuvres de la Nature, de la Création, en nous inclinant respectueusement devant le Génie un et éternel, auteur et maître de toutes choses visibles et invisibles.

La femelle sort de sa cellule, à l'état de parfait insecte, le 16e jour après la ponte de l'œuf.

En finissant cet article, disons qu'il est très important, pour l'apiculteur désireux de faire l'élevage des mères, de connaître la durée des métamorphoses et surtout de savoir distinguer l'âge des œufs et des larves qu'il choisit à cette fin. Une erreur de quelques heures sur l'éclosion des femelles suffit pour anéantir ses espérances. En effet, dès qu'une jeune mère est née, donc la première née, son acte primordial est de visiter les rayons et de tuer, au berceau, ses sœurs qui deviendraient ses rivales. Le plus sûr est d'enlever, un jour avant l'éclosion prévue, tous les alvéoles maternels operculés moins un.

Il est facile, avec un peu d'attention, de connaître l'âge des œufs et des larves, suivant leur position dans la cellule et la forme de leur développement. Voici :

Le jour de la ponte, l'œuf reste debout; le 2e, il est incliné; le 3e, il repose au fond; le 4e, l'œuf fait place au ver qui a l'aspect d'un croissant et c'est le premier jour de la larve.

Le 5e qui est son 2e jour, la larve forme un demi-cercle; le 6e, qui est son 3e, les extrémités de la larve se touchent.

Restons-en là, puisque la larve âgée de 2 jours peut seule servir. Pour calculer la durée de la transformation de tel œuf, de telle larve, il suffit de déduire de 15 autant de jours qu'accuse l'âge de l'œuf ou de la larve, à partir de la ponte.

III. — L'Abeille Male

Le mâle, ou faux-bourdon (fig. 4), est l'abeille la plus grande et la plus grosse de la colonie. Ses yeux composés sont énormes, sa langue est petite, inapte au butinage; ses ailes, larges et puissantes, produisent un bruit sourd; ce qui l'a fait surnommer faux-bourdon; ses pattes sont robustes, mais n'ont ni brosses ni cueillerons. Son abdomen n'a pas d'appareils cirier ni venimeux : ils sont remplacés par le génital, constitué comme nous l'avons déjà appris. Sa vue est perçante, son odorat très fin, son vol rapide, ce qui l'aide, sans doute, à découvrir et à rejoindre la femelle propre à être fécondée.

En dehors de son rôle, qui est de pourvoir à la fécondation de la mère, — et encore n'en faut-il qu'un seul, — le mâle est vraiment un

Fig. 4.

Male
ou Faux-Bourdon.

pauvre être : mal doué, mal armé, incapable pour les travaux intérieurs et extérieurs. Toutefois, soyons juste : il a cela de particulier « qu'il tient toujours de la race de sa mère » (BARTHÉLEMY) et, dans l'accouplement, il apporte naturellement les qualités ou les défauts propres à son espèce, ce qui n'est pas à dédaigner ou à oublier par l'apiculteur lors de la sélection des reproducteurs mâles et femelles.

Dans une ruchée normale et prospère, les mâles sont en petit nombre : quelques centaines à peine; mais l'apiculteur soigneux fera bien de limiter encore ce nombre, en évitant de laisser des rayons à grands alvéoles parmi le couvain ou d'en donner à proximité : car les faux-bourdons sont de fameux mangeurs de miel.

Le mâle provient d'un œuf fécond, mais non imprégné par le liquide séminal contenu dans la spermathèque de la mère. Par conséquent, qu'il soit issu d'une mère fécondée ou d'une femelle vierge, son pouvoir de fécondation est le même, ainsi que son origine de race. Quant au mâle, engendré par une ouvrière pondeuse, nous doutons qu'il ait les mêmes privilèges.

Le berceau du faux-bourdon est un alvéole plus long et plus large que celui de l'ouvrière. Ses métamorphoses durent vingt-quatre jours, à savoir :

Incubation de l'œuf : trois jours.

État de larve : treize jours.

Celui de nymphe : huit jours.

Il sort de la ruche généralement vers le 10e jour après sa naissance. Sa vie est d'une durée de deux à trois mois. Chaque jour, dans l'après-midi, il quitte la ruche pour faire une promenade d'une demi-heure à une heure. En plus du but principal de se vider, le mâle en a un autre : chercher et rencontrer une femelle propre à l'hymen.

CHAPITRE III

CONSTRUCTIONS, PRODUITS, UTILITÉ DES ABEILLES

1. — Constructions

L'habitacle des abeilles, vivant à l'état sauvage ou à l'état domestique, est garni de constructions en cire, bâties par les ouvrières et appelées : rayons ou gâteaux. Ils servent à l'élevage du couvain et à l'emmagasinement du miel et du pollen. Les rayons perpendiculaires et parallèles, séparés entre eux par un vide de 10 mm., sont formés par une double rangée de cellules ou alvéoles, à base commune et en nombre considérable. Les alvéoles, construits presque horizontalement, sont légèrement redressés (fig. 5) pour empêcher l'écoulement du miel, exception faite pour ceux de mères qui sont disposés verticalement, l'ouverture par en bas.

On peut distinguer cinq sortes d'alvéoles.

1º *Alvéoles d'adhésion* (fig. 6 *a*).

Ce sont des cellules pentagonales, dites aussi « de fondation », servant à fixer solidement le rayon à la traverse supérieure et aux montants du cadre ou aux parois de la ruche.

2º *Alvéoles d'ouvrières* (fig. 6 *b*).

Ces cellules sont de forme hexagonale régulière, mesurant 12 mm. de profondeur sur 5 mm. de largeur. Elles sont les plus petites, mais les plus nombreuses. Un décimètre carré en contient environ 425.

3º *Alvéoles de mâles* (fig. 6 *c*).

Ils ont la même forme que ceux d'ouvrières, pourtant sont plus profonds : pour le moins 15 mm. et plus larges, jusqu'à 6 mm. 1/2.

Un décimètre carré renferme environ 250 de ces cellules. Dans une bonne ruchée, elles sont peu nombreuses et se trouvent au bas des rayons naturels. Parfois, quand la récolte devient très abondante, les abeilles, pour gagner du temps, construisent des gâteaux entiers de ces alvéoles qui servent de magasin à miel.

4º *Alvéoles de raccordement* (fig. 6 d).

De forme hexagonale irrégulière ou pentagonale, ces alvéoles sont édifiés pour permettre aux abeilles de passer de la construction de cellules d'ouvrières à celles de mâles et *vice-versa*.

5º *Alvéoles de mères ou royaux* (fig. 6 e).

Ce sont de grosses cellules cylindriques, ovoïdes, ressemblant aux glands du chêne. Leur longueur atteint jusqu'à 2 cm. 1/2 et leur diamètre est de 8 à 10 mm. Leur nombre varie de 3 à 25 et plus, suivant les races d'abeilles. Les alvéoles maternels se trouvent, le plus souvent, à l'extrémité des rayons, quelquefois au milieu, selon la disposition des œufs ou des larves.

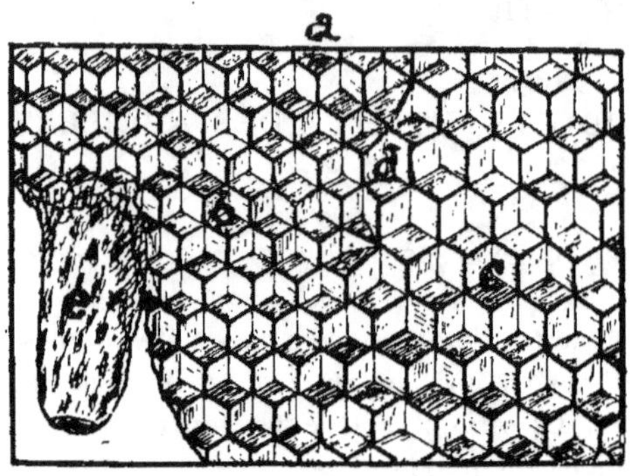

FIG. 6. — DIFFÉRENTES ALVÉOLES.

a) Alvéoles d'adhésion ; *b)* alvéoles d'ouvrières ; *c)* alvéoles de mâles ; *d)* alvéoles de raccordement ; *e)* alvéoles de mères.

Contrairement à ce qu'on croit généralement, ces cellules ne sont pas construites d'avance, et ce n'est pas la mère qui va y déposer des œufs (1); mais elles sont édifiées en temps opportun, sur des alvéoles d'ouvrières contenant des œufs ou des larves; parfois les abeilles y transportent des œufs fécondés.

____

(1) La preuve en est dans la découverte que nous avons faite, — et certes, d'autres apiculteurs avant nous, — d'alvéoles maternels sur un rayon de cire gaufrée parmi ce de miel.

Il est certain que ce n'est pas la femelle, mais les ouvrières qui ont déposé ou transporté des œufs fécondés dans ces cellules, loin des regards de la mère qu'elles ont eu l'intention de remplacer. Même sans avoir cette preuve, il est facile de comprendre la raison de la mère de ne pas pondre dans des alvéoles royaux, connaissant sa haine innée et implacable à l'égard de toute rivale, fût-ce sa propre fille.

Toutefois, nous ne sommes pas absolutiste, car nous avons eu des cas, assez rares où la mère et la fille, et même deux femelles étrangères l'une à l'autre, se sont tolérées dans la même ruche.

Les ouvrières choisissent presque toujours des larves, parce qu'elles savent ce qu'elles veulent en faire, ne se trompant que rarement sur leur âge et gagnant un temps précieux. La condition énoncée plus haut (p. 9) ne s'applique qu'à l'apiculteur qui provoque, de lui-même, l'élevage des mères ; car une larve âgée de trois jours, ou dont le nourrissage royal aurait été interrompu par le régime ordinaire, ne serait plus apte à devenir une femelle vraiment parfaite, mais plutôt une abeille pondeuse de mâles.

II. — Produits

Dans une ruche on trouve quatre sortes de matières : deux sont le produit par excellence des abeilles : la cire et le miel ; les deux autres, le fruit de leurs labeurs : le pollen et la propolis ; mais toutes les quatre sont appelées « Produits des abeilles » : c'est le résultat de leur industrie.

Néanmoins, les deux premiers produits sont seuls recherchés et appréciés de l'apiculteur, parce que de la plus grande utilité. Grâce à eux, l'apiculture constitue un petit capital solide, à l'abri des fluctuations du change, à rendement plus sûr et plus avantageux que dans beaucoup d'opérations financières. Et dire que ce capital est à la disposition, à la portée de tous et de chacun !... Hélas ! combien peu en profitent ou savent en profiter !...

1º La cire est le produit d'une sécrétion naturelle, opérée par des glandes dans l'abdomen de l'ouvrière et exsudée, extérieurement, sous le ventre entre les quatre derniers segments, où elle prend consistance sous forme de lamelles minces et translucides. Cette sécrétion demande une chaleur élevée et une grande quantité de miel et de pollen. On estime à près de 12 kilos la quantité de miel pur, nécessaire pour la production de 1 kilo de cire. Avec l'addition de pollen la consommation sera moindre : environ 7 kilos de miel.

La cire sert à construire les alvéoles des rayons, et les ouvrières peuvent en élaborer à volonté ; cependant, les jeunes sont plus aptes à cette élaboration que les vieilles. Blanche lors de la production, la cire prend bientôt une couleur jaunâtre ; puis, avec le temps et sous l'action de la chaleur de la ruche, tourne à la teinte brune et finalement noire après deux ans. Elle n'est pas perdue pour cela : les rayons âgés, étant plus solides, plus résistants, peuvent servir, de longues années encore, soit pour le couvain, soit pour le miel.

Est-il besoin de dire que l'apiculteur, producteur de miel, a intérêt de les employer le plus longtemps possible et que, par là, il épargne à ses laborieuses ouvrières un temps et un travail considérables, et à lui-même la perte de plusieurs dizaines de kilos de miel!

Il est utile, cependant, de renouveler, mais progressivement, les vieux rayons du nid à couvain et même du compartiment à miel : ce renouvellement contente les abeilles et aide à la prospérité de la colonie.

2° Le miel est la matière sucrée, odorante et gluante enfermée dans les alvéoles. Il est le produit d'une modification subie par le nectar et opérée, dans le jabot de l'ouvrière, sous l'influence d'une substance particulière sécrétée par les glandes salivaires. Il provient donc du nectar qui, lui-même, est un liquide sucré distillé par les nectaires des fleurs ou par des différentes parties des plantes, ou bien par l'exsudation des feuilles de certains arbres appelée : « *miellée* », ou encore par la sécrétion d'un grand nombre de pucerons nommée : « *miellat* ».

L'ouvrière va butiner à ces nombreuses sources, jusqu'à une distance de 4 kilomètres. Après avoir rempli son jabot à l'aide de sa trompe, elle revient à la ruche et dépose sa récolte dans les cellules. Au fur et mesure qu'elles se remplissent de miel, celui-ci est évaporé de l'excès d'eau qu'il contient, au moyen de la chaleur et de la ventilation, jusqu'à consistance suffisante. Quand les alvéoles sont pleins, les abeilles les ferment avec des couvercles en cire ou opercules. On dit alors : du miel operculé.

3° Le pollen est la poussière fécondante, jaune, rouge et blanche des anthères. Les ouvrières le ramassent avec les brosses dont sont pourvues leurs pattes, en font de petites pelotes qu'elles fixent dans les corbeilles des pattes postérieures et, ralliant ainsi la ruche, les déposent dans les cellules. Ce produit est indispensable aux abeilles, car, mélangé au miel et à l'eau, il constitue la nourriture du couvain; elles-mêmes l'affectionnent beaucoup et s'en nourrissent. De plus, il est utile et avantageux à la production de la cire, comme nous l'avons vu.

En conséquence, quand une colonie ne récolte pas de pollen, l'apiculteur peut être sûr qu'il s'y passe quelque chose d'anormal : ou bien elle n'a pas de couvain, donc pas de mère, ou encore elle se prépare à déserter.

Disons aussi que l'eau est nécessaire aux abeilles. Elles s'en servent pour aider à la digestion du pollen, comme dissolvant du miel par trop épais et pour diluer la nourriture du couvain.

4° La propolis est une matière résineuse et collante, d'une couleur brun-rouge, produite par les bourgeons ou les écorces de certains arbres. Elle est récoltée de la même manière que le pollen, et sert aux abeilles à attacher les rayons dans les cadres, à boucher les fentes de la ruche, à rétrécir l'entrée, à enduire les cadavres d'animaux ou d'insectes qu'elles ne peuvent jeter dehors.

La propolis n'est pas à négliger par l'apiculteur : dissoute dans l'alcool, elle donne un beau vernis.

III. — Rôle et Utilité des Abeilles

Avant de terminer ce chapitre, est-il besoin de dire que les abeilles jouent un rôle important et incontestable dans la fécondation des fleurs et la régénération des plantes et, par là, sont d'une utilité inappréciable dans le domaine agricole ?...

Nous croyons devoir insister sur ces points, et d'autant plus que beaucoup de personnes, d'ailleurs bien intentionnées, même bienveillantes envers les abeilles, ont cependant des préjugés et des préventions contre ces précieux insectes en les considérant, injustement, comme nuisibles aux fleurs et aux fruits.

Essayons de dissiper leur crainte ou leur erreur par les deux démonstrations suivantes dûment expérimentées et contrôlées.

1º *Les abeilles ne détruisent pas les fleurs, mais les fécondent.*

En récoltant le pollen et le nectar, les ouvrières frôlent le pistil des fleurs, avec leurs pattes chargées de la poussière fécondante. Loin de détruire elles fécondent, et une fleur fécondée donne un fruit assuré et sain.

S'il en était autrement, comment se ferait-il que les arbres fruitiers, d'une contrée où les abeilles abondent, portent des fruits dans une année où la floraison a été ravagée par des pluies anormales, alors que les arbres, d'une localité où les abeilles sont peu nombreuses ou font défaut, produisent peu ou presque pas de fruits, malgré une floraison abondante ?

Nous pourrions citer, à l'appui, bon nombre de faits constatés sur place, mais nous jugeons superflu d'entrer plus avant dans des détails.

2º *Les abeilles sont incapables* d'entamer, de détériorer un fruit mûr et sain :

a) La constitution des organes de leur bouche ne le leur permet pas.

b) Les épreuves ou expériences faites en font foi.

Sans doute, on les voit sucer le suc d'un fruit entamé par excès de maturité ou par des oiseaux et des guêpes. On ne peut leur en vouloir de recueillir ce suc qui serait perdu pour toujours; bien au contraire, les ouvrières font œuvre utile et méritoire en le récoltant et en le transformant en un miel délicieux.

Voilà, en peu de mots, le rôle et l'utilité de nos chères hyménop-tères, en dehors des précieux produits que nous venons d'étudier.

Et notre conclusion est celle-ci :

« Même si l'apiculture ne devait nous donner aucun avantage sérieux en miel et cire, nous la pratiquerions quand même, dans le but de favoriser le rendement des arbres fruitiers. »

Ce serait en même temps obliger grandement les amateurs de succulents desserts !...

DEUXIÈME PARTIE

RACES D'ABEILLES

CHAPITRE PREMIER

DIFFÉRENTES RACES

Nombreuses sont les variétés d'abeilles qu'on peut diviser en trois groupes, selon les parties du monde qu'elles peuplent : les races d'Europe, les races d'Asie et les races d'Afrique.

Nous n'avons pas l'intention de nous arrêter à la description de toutes ces races. Nous la réservons à celles qui nous intéressent : « les abeilles de l'Afrique-Équatoriale », que nous avons particulièrement étudiées et cultivées. Signalons pourtant, en passant, quelques variétés les plus connues dans les différentes contrées du monde, afin de donner une idée de la prodigieuse multiplication de ces insectes.

a) *Races d'Europe*

Parmi celles-ci, les plus répandues et les plus cultivées sont : l'*abeille noire ou commune*, originaire de l'Asie mineure; l'*abeille italienne*, comme son nom l'indique, originaire de l'Italie; l'*abeille carniolienne*, aussi répandue que l'italienne, originaire de la Carniole en Autriche. Ces abeilles n'ont pas tout à fait les mêmes caractères et se différencient également par la couleur de leur abdomen. En effet, l'abeille commune, très cultivée en France, a les anneaux d'un gris foncé, cerclés de noir ; chez l'italienne, le dessous de l'abdomen est noir et le dessus jaune pour les deux premiers segments, noir pour les autres ; la carniolienne est d'une teinte beaucoup plus claire que l'abeille commune.

b) Races d'Asie :

Au premier plan viennent : la chypriote, la syrienne et la palestinienne, qu'on a essayé d'introduire et de cultiver en Europe ; ensuite, ce sont les variétés des Indes, du Thibet, de la Chine, et de l'Indochine.

c) Races d'Afrique :

Dans l'Afrique du Nord les plus connues sont : l'abeille algérienne, l'égyptienne et la sénégalaise ; dans le Sud, on rencontre les abeilles du Cap, et de la Cafrerie ; enfin dans le Centre, existent les trois races dont nous allons parler.

Sans doute, il y a aussi d'autres espèces de mouches à miel, en particulier la Mélipone, mais nous ne l'avons pas encore ni étudiée à fond ni cultivée.

Nous arrivons maintenant à notre véritable objet : la connaissance des abeilles équatoriales, et nous apprendrons dans la suite, la manière méthodique et pratique de les cultiver avec succès.

CHAPITRE II

LES RACES DE L'AFRIQUE-ÉQUATORIALE

Nous ne saurions dire l'origine certaine des abeilles qui habitent l'immense forêt équatoriale. Très probablement, elles descendent des races syrienne et palestinienne. Quoi qu'il en soit, nous avons rencontré, jusqu'ici, trois espèces d'abeilles formant, sans doute, trois races distinctes.

A défaut de nom scientifique, appelons-les : « Abeille jaune, abeille noire et abeille grise. » Sensiblement les mêmes sont les caractères et les mœurs des individus composant ces trois variétés, parce qu'ils vivent sous le même climat ; seules, les couleurs les distinguent les unes des autres. Le coloris est identique aux trois sortes d'abeilles de la première race, non à celles des deux autres.

1º *Abeille jaune*

L'*ouvrière* est belle de forme et de teinte ; elle a la taille et les qualités de l'italienne, mais non pas son grand défaut : le penchant au pillage. Nous en parlerons au chapitre suivant. Examinons ses couleurs.

Le corselet est brunâtre ; en dessous, l'abdomen est roux, tirant davantage sur le jaune ; au-dessus, ses anneaux d'un beau jaune-orange, sont rayés distinctement de brun plus ou moins foncé, suivant l'âge. Les stries brunes, étroites, presque effacées sur les trois premiers segments, s'accentuent sur les suivants. En un mot, son aspect général est celui d'une abeille jaune. Lors du croisement de cette abeille avec la noire, les raies brunes de ses anneaux sont plus prononcées et plus larges, mais les bandes jaunes restent parfaitement distinctes.

Le mâle est plus grand et plus gros que celui d'Europe. Le dessin de ses couleurs ne diffère en rien de celui de l'ouvrière, seulement le jaune est moins vif. L'extrémité de son abdomen, au lieu de se terminer en pointe comme chez l'abeille, est au contraire arrondie et très poilue. Son allure est lente, son vol assez rapide, son bourdonnement fort et sonore.

La mère, presque aussi longue que le mâle, moins grosse que lui, est d'une belle forme allongée se terminant en pointe. Sa couleur est un peu plus foncée que celle de l'ouvrière; les raies brunâtres de ses anneaux sont moins prononcées mais distinctes. Avec l'âge, sa teinte tourne légèrement au roux, semblable à celle de l'abdomen. Elle est douce, prolifique et pas craintive.

A tous points de vue, cette race quand elle est pure de tout croisement et une fois domestiquée, est à préférer par sa douceur, son activité, sa fécondité et sa production en miel. Malheureusement, si, dans l'immensité de la forêt, elle se garde aisément de toute alliance étrangère, il n'en est plus de même dans un rucher où se trouvent les autres races que nous allons étudier.

2° *Abeille noire*

Pour être exact, il faudrait dire *jaune-noire*, puisqu'elle est moitié jaune, moitié noire, mais, comparativement aux deux autres espèces et à première vue, les regards sont immédiatement frappés par la teinte noire prédominant dans cette abeille.

Elle rappelle l'italienne : c'est là le signe caractéristique de la race, qui la distingue des deux autres.

Le corselet est brun-noir, les deux premiers segments de l'abdomen sont jaunes, striés faiblement de brun foncé; le troisième est plus noir que jaune; les trois autres sont complètement noirs. En dessous, l'abdomen est brun-roux et se termine par une pointe noire. Cette particularité de couleurs est commune aux ouvrières et aux mères, non aux mâles, qui sont noirs, à reflet métallique.

En dehors de ces différences marquées, la forme, la taille, les qualités, les défauts et les mœurs des individus de cette race, sont sensiblement les mêmes que ceux de la précédente; toutefois, elle est plus hardie et plus irritable que l'autre.

L'abeille noire est plus commune, plus répandue que la jaune dans le Moyen-Congo. Il est difficile de la conserver dans toute sa pureté : son croisement avec la race jaune ne tire pas à conséquences, bien qu'il altère plus ou moins les qualités respectives, mais, le plus souvent, il y a mélange avec la race grise. De là, des colonies composées de métisses jaunes, noires et grises, plus ou moins dociles et maniables.

Les moyens d'éviter les croisements ?... Deux à notre avis : le premier et le plus sûr est de ne cultiver qu'une seule espèce pure ; le deuxième, plus difficile à trouver et encore à l'état d'essai, consisterait dans la fécondation artificielle des mères de choix avec des mâles de race.

3º *Abeille grise*

Cette race, dont nous soupçonnions depuis longtemps l'existence par la présence d'ouvrières gris-noir, dans quelques colonies nouvelles de race noire, par conséquent croisées, nous a donné la certitude de son existence au Congo, lors de la capture d'un essaim — août 1924, — où l'élément de l'abeille grise était fortement proportionné. Jusque-là, nous étions tenté de considérer ces abeilles comme provenant du croisement de la race jaune avec la noire ; pourtant, mâles et femelles gardaient toujours leurs couleurs respectives et caractéristiques.

Nous nous réservons, toutefois, de nous prononcer catégoriquement sur cette variété, quant à ses caractères spécifiques, n'ayant pu en trouver une colonie entière, ce qui semblerait prouver que l'abeille grise est plus rare que la jaune dans le Moyen-Congo (1).

De plus, nous avons dû interrompre, à notre grand regret et pour cause de départ, des opérations de sélection et des essais de fécondation entrepris sur cette colonie métissée, dans le but de connaître la teinte réelle des mâles et de la mère, celle-ci étant une femelle (métisse) d'une couleur bronzée striée de noir. Donnons pourtant les particularités que nous avons pu observer sur l'abeille ouvrière.

Elle est un peu plus petite, mais plus vive, plus alerte et plus vigilante que celle des autres races. La couleur de son abdomen, par-dessous, est châtain ; par-dessus, ses anneaux, surtout les trois premiers, sont d'un gris d'argent rayés distinctement de brun-noir. Elle est très active et, quoique très remuante, semble plus douce que la noire. Malgré ses bonnes qualités qui devraient la faire aimer des autres races, l'abeille grise est plutôt persécutée par elles.

---

(1) Renseignement pris, la race grise est commune dans le Gabon.

CHAPITRE III

MŒURS, QUALITÉS, DÉFAUTS

Nous avons déjà vu que ces abeilles, vivant à l'état sauvage, sont assez farouches et irascibles ; mais une fois en contact avec les hommes et les habitations modernes, quel changement ! Elles s'habituent facilement et vite à la présence des blancs ou Européens ; par contre, elles supportent plus difficilement celle des noirs ou nègres. Pourquoi ?... Probablement à cause de leur couleur ou de leur odeur « *sui generis* ».

Domestiquées, habituées à un bon milieu, ces abeilles, naguère si sauvages, si agressives, ont des mœurs plus douces, plus paisibles. Elles sont faciles à manipuler, se soumettent, sans résistance, à toutes sortes d'opérations : — transvasement, réunion, essaim artificiel, changement et élevage des mères, récolte du miel, — opérations évidemment faites en temps convenable, avec méthode et précaution. Elles s'attachent fortement au lieu de leur naissance et de leur habitat ; elles ne se fâchent que lorsqu'on les excite ou les maltraite, malheur alors à celui, homme ou animal, qui les aura mises en colère !... Pourtant, il semblerait qu'elles savent distinguer entre malice et inadvertance : à la première elles ne pardonneront jamais, par contre, elles oublieront vite la seconde. En dehors de ces cas, elles ne s'irritent et n'attaquent pas facilement.

Connaissent-elles bien celui qui les soigne ? elles semblent lui témoigner de l'affection, du respect et de l'attachement.

L'apiculteur ainsi apprécié peut, à toute heure, s'approcher des ruches : les ouvrir, les inspecter, les nettoyer s'il y a lieu, y ajouter ou changer des cadres, sans même se couvrir le visage et les mains ou employer la fumée, — nous ne conseillons pourtant pas au débutant d'agir ainsi, il y arrivera petit à petit, — il peut hardiment présenter la main au guichet, prendre des ouvrières, les caresser sans qu'elles songent à piquer. Avec la mère, il peut agir de même et plus librement, puisqu'elle ne se sert jamais de son dard, sauf contre une rivale. Que de fois nous avons capturé un essaim mal posé en ne nous emparant que de la mère !

Cet apprivoisement est vraiment incompréhensible chez des insectes si redoutables ou plutôt si redoutés ! Il semble incroyable, impossible à tous ceux qui ne les connaissent pas. En lisant, dans l'*Abeille et la Ruche*, des faits analogues et de plus surprenants encore, nous étions très sceptique ; mais depuis que nous en avons fait l'expérience, souvent, devant témoins, nous en sommes convaincu et même dans l'admiration. Aussi, nous ne trouvons pas de plaisir plus vrai, plus agréable que de passer nos moments de loisirs au milieu de nos chères abeilles : leur vol agile et léger nous élève le cœur, leur activité incessante nous excite au travail, leur bourdonnement joyeux nous semble une musique charmante et leurs frôlements une caresse.

Mais continuons la description détaillée de nos abeilles tropicales, afin de les faire connaître et apprécier davantage.

1. Elles affectionnent un endroit riant, ombragé de quelques arbres ou arbustes leur rappelant la brousse et situé dans le voisinage d'une source ou d'un cours d'eau.

2. Vivant en colonie nombreuse, elles détestent les ruches trop petites, — aussi est-il difficile de les garder en nuclei et en esssaims artificiels — et n'aiment pas les trop spacieuses. Les ruches d'une capacité de 70 litres leur conviennent fort bien et se prêtent mieux à la production du miel que celles d'un volume de 100 litres ou au-dessus.

3. Les populations se supportent très bien, exception faite pour un essaim nouvellement arrivé ou installé. Pendant les cinq premiers jours, il y a des chicanes, parfois des luttes entre les anciennes abeilles et les nouvelles ; puis, elles font la paix et bon ménage. Il n'en est plus de même d'un essaim qui se tromperait ou tenterait de s'introduire dans une ruche habitée. La lutte est alors terrible et sans merci, elle peut durer plusieurs heures et se termine par la destruction complète de l'usurpateur. Ce cas arrive assez souvent, mais seulement aux essaims petits et moyens qui n'envoient pas d'éclaireurs.

4. Les abeilles équatoriales semblent préférer la vie commune à la solitaire. Aussi, suffit-il d'avoir une colonie bien établie pour attirer les essaims vagabonds qui cherchent un emplacement.

5. Elles n'aiment pas être groupées isolément, çà et là, mais dans l'alignement. Une ruchée isolée est exposée à être contrariée et même

attaquée par les autres qui la traitent d'étrangère; de plus, elle ne travaillera pas autant que si elle était mise avec les autres.

6. Il est assez difficile d'amener un essaim nouveau, — sauvage, — à construire sur cadres, si ceux-ci ne sont amorcés par des bandes de cire gaufrée ou des morceaux de rayons neufs et, malgré cette précaution, il arrive souvent que les ouvrières construisent sur les planchettes mobiles du plafond, si elles trouvent une partie vide dans la ruche. C'est que les abeilles n'aiment pas les cadres qui les gênent dans la liberté de bâtir des rayons fixes, dont elles ont l'habitude, et, même une fois accoutumées au système mobiliste, elles n'attachent, le plus souvent, leurs rayons qu'aux traverses supérieures des cadres en négligeant de les consolider le long des montants. En retour, les rayons sont vraiment bien construits : droits, réguliers, sans trous ni ponts de communication; les ouvrières s'y tiennent très bien et ne les quittent que difficilement, surtout celles de la race jaune.

7. Elles commencent leurs constructions à l'une des extrémités de la ruche, rarement au centre. De cette façon, le couvain, sans mélange de miel, se suit régulièrement sur 6 à 8 cadres, occupant la moitié de la ruche; les gâteaux de miel viennent après, remplissant l'autre moitié. A partir du couvain, elles bâtissent généralement à petites cellules, à grandes, si la récolte devient abondante. Parfois on rencontre des rayons à grands alvéoles dans le nid à couvain : c'est signe que la mère n'est pas assez féconde pour suivre et surveiller les constructions. Ces cadres sont à enlever, si possible, afin d'empêcher l'élevage d'un trop grand nombre de mâles, ou à placer après le couvain, destinés à servir de magasins à miel. On supprime l'inconvénient d'avoir des cellules de mâles parmi le couvain d'ouvrières par l'emploi des feuilles de cire gaufrée.

8. Chaque jour, vers 4 heures du soir, toutes les abeilles ont la coutume de prendre l'air pendant vingt minutes. Une ruchée donne le signal par un ronflement sonore; bientôt, l'une après l'autre, et même, toutes à la fois s'ébranlent comme pour un essaimage. Le bourdonnement devient si formidable qu'on l'entend à plus de 100 mètres. Une véritable nuée d'abeilles, de toutes couleurs, tourbillonnent dans les airs : ce spectacle est vraiment intéressant et grandiose.

9. C'est probablement, grâce à ce trait de mœurs favorisant la captation entre les ruches, — par nous constatée, — que les abeilles d'un même rucher se mélangent et se supportent si bien : de là des réunions faciles à pratiquer. Pourtant, quand on réunit deux ou plusieurs colonies, sans avoir auparavant supprimé les mères défectueuses, il arrive presque toujours que le lendemain les populations

transvasées se reforment et prennent la clef des champs. Il en est de même d'un essaim arrivé ou capturé renfermant plusieurs femelles. (Voir : Réunion).

10. Cette sortie en masse, à 16 heures, est aussi le signal de la reprise du travail. En effet, les abeilles tropicales ne récoltent pas toute la journée avec la même ardeur. Elles commencent dès l'aube : à 5 heures ou 5 h. 1/2 et travaillent jusqu'à 9 ou 10 heures, suivant les saisons ; de 10 à 16 heures, elles restent en ruche, au moins le plus grand nombre : c'est la grande chaleur, — 35° à l'ombre, — par conséquent peu de nectar à trouver ; enfin, elles reprennent le butinage de 4 à 6 heures ou 6 h. 1/2 du soir.

11. Malgré la saison favorable et l'abondance du nectar, elles ne font pas de grandes réserves de miel. Possèdent-elles 3 à 5 rayons pleins, elles ralentissent la récolte, alors même qu'il y aurait encore plusieurs journées de miellée ou de miellat. Pourquoi ? Parce qu'il n'y a pas d'hiver en Afrique-Équatoriale, et qu'elles trouvent, chaque jour, un nectar frais et nouveau. C'est pour ces mêmes raisons, probablement qu'elles n'acceptent pas de travailler dans les hausses. Pourtant il y a moyen de les faire produire et d'arriver ainsi à un rendement supérieur à celui d'une colonie d'Europe ; il dépendra, naturellement de la richesse mellifère de la contrée. (Voir : Récolte du miel.)

12. Abandonnées à elles-mêmes, les abeilles africaines essaiment fréquemment du mois d'août au mois de mai et donnent peu de miel. Cultivées, surveillées et suivies méthodiquement, elles perdent, pour ainsi dire, cette fièvre ou ce besoin et produisent davantage. Le miel d'Afrique est supérieur à celui d'Europe pour la finesse du goût, l'arome et la contenance en sucre ; il est aussi plus acidulé. Il est tantôt blanc, tantôt jaune or, et brun clair ; il ne granule jamais et se conserve bien, indéfiniment.

13. Les ruches ont du couvain toute l'année, surtout si la colonie est saine et prospère. La ponte reprend intensive fin juillet jusqu'en février ; puis elle se ralentit progressivement jusqu'à juillet. Toutefois, l'élevage normal des mâles cesse à partir du mois de mars. Les cas de mères non fécondées sont très rares.

14. Les ouvrières ne massacrent pas les mâles comme font leurs sœurs d'Europe. Tout au plus et exceptionnellement, quand il y a, pendant la saison sèche, très peu de miel et beaucoup de mâles, les populations faibles leur tortillent les ailes et les jettent hors de la ruche. Les mâles ont, pour ainsi dire, le privilège d'être toujours bien reçus dans n'importe quelle ruchée ; ce qui n'a pas lieu, généralement, pour les ouvrières non gorgées de miel.

15. Une femelle parfaite est-elle née et propre à être fécondée ? Pendant 2 à 4 jours, entre 15 et 17 heures, nombreux sont les mâles des autres colonies venant lui présenter leurs hommages dans le but d'être agréés comme époux. Ils entrent dans la ruche privilégiée, ils en sortent, sans que les gardiennes s'y opposent : au contraire, elles se rangent pour les laisser passer librement. Les jours suivants, le nombre des prétendants diminue, — car un seul d'entre eux sera l'élu, — et jusqu'au moment décisif où la jeune vierge, après quelques vols d'essai et de reconnaissance, se décide à prendre définitivement son vol nuptial en compagnie de son fiancé choisi et quelques bourdons de la dernière heure.

Pendant ces jours de cour et de préparatifs, les mâles ou frères utérins ne s'occupent nullement des agissements ou des sorties de leur nouvelle grande sœur, sur le point de devenir mère.

16. Les ouvrières ne tuent pas non plus leur mère, emprisonnée de force ou empêchée de les suivre lors d'un essaimage ou d'une désertion, mais l'abandonnent là ! à la troisième ou quatrième tentative de fuite, cherchant à se faire recevoir des autres colonies pour la plupart du temps sans succès ; dans ce cas, elles se résignent à rallier leur mère.

17. Lorsqu'on supprime ou enlève la mère, durant le jour, en vue d'une réunion, d'un essaim artificiel, d'un remplacement ou d'un élevage de mère sur place, elles se livrent à des manifestations par trop colériques ou douloureuses pouvant aller jusqu'à détruire le couvain, négliger l'élevage d'une autre femelle ou troubler les autres ruchées. Aussi, lors d'une opération de ce genre, vaut-il mieux la pratiquer vers 5 h. 1/2 du soir.

18. Un essaim, qui perd sa mère pendant la sortie, retourne à sa souche après de vains efforts pour la retrouver. Ce retour doit s'effectuer dans les 20 à 40 minutes après l'envolée, sans quoi il sera reçu difficilement par ses anciennes compagnes qui le traiteront d'étranger

19. Une mère étrangère qui tenterait, suivie de son essaim, de pénétrer dans une ruche occupée, est arrêtée à l'entrée, emballée par une pelote d'abeilles jusqu'à ce qu'elle succombe, étouffée, tandis que ses enfants meurent massacrés sur place. Toutefois, on la reçoit bien si elle est isolée ; nous en avons fait l'expérience en la présentant au guichet pendant la sortie des abeilles.

Nous avons dit (p. 7), que la femelle, une fois fécondée, ne quittera plus la ruche, etc., mais, dans notre pensée, cela ne signifie pas qu'elle ne sorte, de temps en temps comme les ouvrières, pour prendre l'air. D'après ce que nous avons vu et observé, nous le croyons et, de plus, nous attribuons à cette particularité de mœurs, l'acceptation facile d'une mère isolée.

20. Une mère, nouvellement arrivée ou capturée avec son essaim, accepte difficilement de pondre dans des rayons déjà construits, fussent-ils presque neufs ou fraîchement extraits. Elle force les ouvrières d'en construire et ce n'est que, quand les bâtisses ne vont pas assez vite à son gré ou à ses besoins, qu'elle se résigne à visiter les autres. D'ailleurs, les abeilles elles-mêmes sont mécontentes d'une ruche garnie de constructions faites : ou bien elles n'y entreront pas, ou bien elles n'y resteront pas. Il est donc bon de mélanger judicieusement les rayons bâtis avec des cadres amorcés de bandes de cire gaufrée ou garnis de feuilles entières. Elles acceptent avec empressement la cire gaufrée *pure*.

21. Elles renouvellent leur mère dès qu'elles remarquent le ralentissement de sa ponte et la surproduction des mâles, c'est-à-dire vers la troisième année. Elles n'édifient à cette fin pas plus de deux alvéoles maternels et détruisent le restant dès qu'une jeune femelle a été fécondée, à moins qu'elles ne veuillent essaimer.

Par conséquent, il est souvent hasardeux de vouloir s'occuper soi-même de ce remplacement, car, à moins de notes précises et à jour, on n'est jamais certain de se trouver en présence d'une mère jeune ou âgée. Néanmoins, il est des cas où les opérations de suppression, d'élevage, de remplacement et d'introduction des mères sont utiles, même nécessaires à connaître. Nous en toucherons un mot dans la quatrième partie.

22. Les abeilles équatoriales n'ont pas le penchant au pillage, même pendant la saison sèche — mai à septembre, — où le nectar se fait plus rare. Pourtant, leur négligence, pour ne pas dire paresse, de faire des réserves devrait être un motif puissant. Eh bien! non. Les raisons ? Nous avons déjà appris qu'elles trouvent suffisamment et tous les jours un nectar frais et nouveau ; ensuite, se connaissant dans le même apier, elles se mêlent sans difficulté d'une ruche à l'autre.

Lorsque l'apiculteur a opéré la récolte du miel, on remarque, parfois, à l'entrée des ruches opérées, quelques chicaneries, mais ni longues ni meurtrières. Il n'y a pas lieu de s'en inquiéter si l'opération a réussi sans accroc.

Nous n'affirmons toutefois pas que nos abeilles domestiquées, si sociables, si douces, soient indifférentes aux choses sucrées, ou à une belle occasion de se les procurer sans efforts ni luttes : ce serait aller contre nature. Mais, croyons-nous, cette calamité : « le pillage », prend plutôt sa source dans l'inexpérience ou l'imprudence de l'apiculteur.

Il peut être la cause, sans s'en douter, d'un pillage, ne disons pas féroce, mais subtil et imperceptible à des yeux vulgaires. Depuis sept ans, et encore au début, nous n'avons eu qu'un seul cas de ce genre, provoqué par suite d'une expérience faite mal à propos et sans réussite.

23. Les abeilles tropicales seraient presque parfaites si elles n'avaient ce grand défaut : elles se défendent mal contre des ennemis hardis et nombreux. N'en citons qu'un ici, mais le pire, le plus néfaste de tous : « *la teigne à galeries* ». **Elles se laissent** facilement décourager par la **prés**ence de cet ennemi dans la ruche. C'est **à l'apicu**lteur qu'incombe la tâche de relever le moral de ses ouvrières, en **inspectant** souvent les ruchées surtout les faibles, afin de détruire, dès le principe, **tout** papillon mâle ou femelle.

Rappelons-nous, apiculteurs, qu'une colonie forte et prospère n'en est guère attaquée ou envahie ; donc, ayons toujours des populations saines et nombreuses.

TROISIÈME PARTIE

LE RUCHER

CHAPITRE PREMIER

EMPLACEMENT, SYSTÈMES, CONSTRUCTION DE RUCHES

Le rucher ou apier est l'endroit occupé par des ruches. On l'appelle : *rucher ouvert*, quand il est en plein air; *rucher couvert non fermé*, quand il est dans un lieu abrité; *rucher couvert fermé*, quand il se trouve dans un bâtiment clos.

Nous ne parlerons ici que du rucher ouvert ou en plein air, convenant le mieux aux mœurs des abeilles tropicales et à l'apiculteur pour la facilité de ses opérations de métier. C'est aussi l'apier le moins coûteux.

1. *Emplacement*

Les ruches doivent être établies dans un endroit riant : à la fois ensoleillé et ombragé; calme : non fréquenté par les passants et les animaux; sain : éloigné des marais ou des terrains marécageux; donc, de préférence dans un jardin, un bosquet, un parc ou sur un plateau.

Elles peuvent être placées le long d'un mur ou d'une haie, pour les protéger contre les vents violents et les pluies du nord et de l'est (voir : Exposition) et les abriter aussi du soleil ardent de l'après-midi. Entre le mur et les ruches, on laissera un passage d'au moins un mètre, afin de faciliter la circulation de l'air et permettre l'entière aisance des mouvements de l'apiculteur, dans ses différentes et multiples opérations.

Le terrain doit être propre et non envahi par des herbes folles qui gêneraient le vol des abeilles. Il est avantageux de le couvrir de sable ou de sciure de bois, de lui donner une pente légère, afin d'éviter la stagnation des eaux de pluie. De plus, pour garantir les ruches de l'humidité du sol, on les posera sur des soubassements en pierres ou en briques; ou encore, sur des supports en bois d'une hauteur de 20 à 30 cm.

L'apier doit se trouver dans le voisinage d'un cours d'eau, ou du moins dans un endroit où les abeilles peuvent facilement se procurer de l'eau propre, sans être obligées d'aller à une grande distance. Ce point est capital pour la saison sèche.

La ruche doit être posée de niveau dans le sens horizontal, afin que les cadres y restent perpendiculaires; cependant, on lui donnera une inclinaison légère d'arrière en avant, pour faciliter l'écoulement des eaux de pluie qui auraient pu y pénétrer.

2º *Exposition ou Orientation*

La meilleure orientation est celle où l'entrée des ruches fait face au sud ou sud-est. De cette direction, les orages ou tornades viennent rarement; en outre, le soleil ne donnant plus sur le guichet à partir de 9 heures, la ruche est plus agréable pour les abeilles.

Cette exposition s'applique à la contrée de Brazzaville. Evidemment l'orientation d'un rucher ne peut pas être la même partout. On comprendra aisément qu'elle doit dépendre plutôt de la position géographique et des conditions atmosphériques et climatériques du pays, que de la situation des points cardinaux. Par conséquent, c'est à l'apiculteur du lieu qu'il convient de consulter la nature et d'établir ensuite la meilleure direction.

3º *Distance entre les ruches*

Cette distance peut varier, suivant la place à disposer de 1 à 2 mètres. Il est préférable d'avoir un écartement respectable : d'abord, il facilite les opérations; ensuite, il évite aux abeilles l'ennui de se tromper de ruches, surtout si celles-ci sont de construction et de couleur uniformes. Pour prévenir des méprises et des accidents, spécialement aux femelles, sortant pour se faire féconder ou seulement se promener, il est bon de peindre les ruches, si elles sont trop rapprochées, de couleurs différentes ou du moins les guichets mobiles.

4º *Nombre des ruches*

Le nombre des ruches doit être proportionné à la richesse mellifère de la contrée. Il est établi que les ouvrières butinent tout au plus dans un rayon de 5 kilomètres. Tel endroit peut nourrir 40 à 60 colonies, tel autre, seulement 10 à 30. A l'apiculteur d'en être juge et de multiplier ses ruchées progressivement et avec circonspection; au fur et à mesure qu'il acquiert plus d'expérience. Deux ou trois populations suffisent au commencement et jusqu'à ce qu'on ait l'habitude du maniement des abeilles. En tout cas, pour réussir en apiculture et en tirer un véritable profit, voici la règle d'or : « Avoir peu de colonies, mais les maintenir populeuses. »

5º *Systèmes de Ruches*

a) Fixisme. — Par ce mot « *système* », nous entendons d'abord le genre de constructions. Les abeilles, de par la nature, bâtissent des rayons fixes et c'est le système fixiste. Le fixisme se pratique encore de nos jours, — malheureusement, — par quelques apiculteurs partisans de ce système.

Le connaissant, pour l'avoir étudié sur place, dans la forêt, et en avoir goûté les joies... par trop piquantes, lors d'opérations intéressantes, mais nullement agréables et faciles, nous en garderons toujours un souvenir... plutôt cuisant.

b) Mobilisme. — Heureusement, l'esprit humain, fertile en inventions, trouva le moyen d'amener les ouvrières à construire dans des encadrements et ainsi est née la ruche à cadres mobiles. Cette invention, — fin du xviiᵉ siècle, — due à M. l'abbé Della Rocca, apiculteur français, a ouvert le champ à toutes les initiatives, à tous les perfectionnements, à tous les succès. Aussi, le mobilisme l'emporte-t-il, de plus en plus sur le fixisme et est présentement pratiqué par tous les apiculteurs sérieux.

c) Avantages du mobilisme. — Les avantages d'une ruche à cadres mobiles, que ne peut pas donner celle à rayons fixes, sont nombreux et incontestables. Notons-en les principaux.

L'apiculteur peut l'ouvrir à volonté, sans difficulté, sans danger; l'inspecter : donc, s'assurer de la bonne marche de la colonïe, de la présence de la mère, de la quantité du couvain, des provisions et du surplus en miel; y enlever ou y ajouter des cadres : la diminuer ou l'agrandir, selon les besoins ou les saisons, au moyen d'une planche de partition; la nettoyer, s'il y a lieu; y porter un prompt remède en cas de maladie ou de disette. Il peut, en outre, enrayer ou provoquer l'essaimage naturel; pratiquer aisément l'essaimage artificiel, supprimer et remplacer les mères défectueuses ou âgées, empêcher ou occasionner l'élevage des mères, opérer rapidement et sûrement les transvasements et les réunions des colonies, récolter facilement le miel, et même au fur et à mesure de ses besoins; en augmenter le rendement, en redonnant les cadres passés à l'extracteur, car les rayons, n'étant pas brisés comme ceux d'une ruche à système fixiste, épargneront aux abeilles le temps et le travail d'en construire de neufs; enfin, supprimer ou diminuer l'élevage des mâles, etc.

Naturellement, pour bénéficier de ces immenses avantages et de bien d'autres, il faut posséder une ruche bien conditionnée et copiée sur un des types reconnus les meilleurs.

d) *Types de Ruches.* — Nombreux sont les modèles de ruches actuellement répandus dans le monde entier : on n'a que l'embarras du choix. Tous proviennent de types primitifs complètement modifiés et perfectionnés. Ils se divisent en deux catégories distinctes : la ruche à système horizontal et celle à système vertical.

La ruche est appelée « *horizontale* », quand son agrandissement se pratique par l'addition de cadres sur les deux extrémités.

Elle est « *verticale* », quand elle se développe en hauteur par la superposition de cadres ou hausses.

Quel que soit le système adopté, la ruche est encore qualifiée « *à bâtisses froides* », quand les cadres sont suspendus transversalement à l'entrée; « *à bâtisses chaudes* », quand ils sont placés parallèlement, au trou de vol.

Les bâtisses froides sont de beaucoup préférables et plus naturelles que les autres, les abeilles elles-mêmes en donnent l'exemple. Les bâtisses chaudes conviennent pour les pays froids.

Les principaux types, les plus connus et les plus employés dans le mobilisme, surtout en France, sont : la ruche de Layens et la ruche Dadant-Blatt; la première à système horizontal; la seconde, vertical. Ces deux systèmes diffèrent totalement l'un de l'autre, par leur construction et leurs dimensions, tous deux ayant leur genre de cadres.

La ruche horizontale « de Layens », d'un volume d'environ 100 décimètres cubes, peut contenir 20 cadres hauts, mesurant dans œuvre ou intérieurement : 37 cm. de haut et 31 cm. de large.

La verticale « Dadant-Blatt » se compose :

a) d'un corps de ruche ou nid à couvain, d'une capacité d'environ 60 litres et contient 11 cadres bas, mesurant dans œuvre : 27 cm. de haut et 42 cm. de large.

b) d'un demi-corps ou hausse servant de magasin à miel. Son volume ainsi que la hauteur des cadres sont de la moitié de ceux du corps de ruche.

Depuis quelque temps, on emploie des ruches à nettoyage automatique et à cadres triangulaires et trapézoïdaux. Ces nouveaux systèmes semblent destinés, dans l'avenir, à détrôner les anciens.

Nous n'entrerons pas plus avant dans les détails sur ces modèles, nous réservant de donner la description complète de notre ruche dite « la Congolaise », basée sur ces systèmes, mais modifiée et adaptée spécialement aux mœurs des abeilles et aux saisons de l'Afrique-Équatoriale française.

6° *Qualités d'une Ruche*

Une bonne ruche, qu'elle soit horizontale ou verticale, doit posséder certaines qualités propres, en dehors des avantages résultant du système mobiliste, qui concourent avec ceux-ci au bien-être de la colonie et au succès de l'apiculture. Ces qualités sont au nombre de quatre : capacité, solidité, impropolisation et aération.

1) *Capacité.* — La ruche doit être de dimensions suffisantes, pouvant contenir aisément une forte population outre le nid à couvain — une huitaine de rayons représentant au moins 60.000 alvéoles — et les cadres de provisions ou de surplus. Une capacité de 70 litres, renfermant jusqu'à 15 cadres, convient fort bien ; elle pourrait même aller jusqu'à 100 litres. D'ailleurs, on peut toujours ou la diminuer ou l'agrandir, suivant les besoins, par une partition.

2) *Solidité.* — Le bois entrant dans la construction doit être de bonne qualité : non sujet aux variations atmosphériques, sec et autant que possible exempt de nœuds. Les parois auront au moins une épaisseur de 25 mm. et seront assemblées solidement, de façon à offrir aux abeilles toute sécurité contre les éléments de la nature.

3) *Impropolisation.* — L'agencement à l'intérieur de la ruche doit être de telle sorte que les cadres ne touchent ni le fond ni les parois, pour qu'ils ne puissent y être collés par la propolis : la manipulation en sera plus facile et plus rapide.

4) *Aération.* — L'air pur est aussi nécessaire aux abeilles que la nourriture : il est une condition *sine qua non* pour l'élevage du couvain. L'habitacle doit donc leur offrir les meilleures conditions de ventilation. Les voici :

a) A l'extérieur : sur le devant, une entrée ou trou de vol de 20 à 30 cm. de long sur 8 à 12 mm. de haut, munie d'un guichet métallique mobile, permettant de la rétrécir ou de l'élargir selon les nécessités. Du côté opposé, une semblable ouverture couverte de toile métallique à fine maille.

b) A l'intérieur : le système à bâtisses froides ; une distance de 10 mm. au moins de cadre à cadre, un de 8 à 10 mm. des cadres aux parois de la ruche et une de 1 à 3 cm. des cadres au plateau.

7° *Choix d'une Ruche*

Le choix d'un emplacement est déjà important, à plus forte raison celui d'un modèle de ruche ! Savoir choisir une bonne ruche et s'en tenir à une seule catégorie, tout est là en apiculture. Mais, comment faire un choix convenable parmi la multiplicité de types, plus ou moins pratiques ?... C'est la question embarrassante pour un débutant ! et ça a été aussi la nôtre.

Eh bien ! s'il est assez difficile de répondre, il est encore plus délicat de se poser en conseiller. Ici comme pour l'exposition du rucher, l'apiculteur-apprenti doit d'abord consulter la nature qui est bonne conseillère ; c'est-à-dire : il doit étudier et connaître les mœurs des abeilles, le climat, les saisons, les ressources mellifères de la contrée où il se trouve ; ensuite, à défaut de praticiens éminents et expérimentés, consulter des revues et des traités qui lui feront découvrir les meilleurs systèmes. En résumé, la ruche à choisir et à adopter est celle qui possède les qualités et procure les avantages que nous venons d'étudier.

8° *Construction d'une Ruche*

Faire une ruche n'est pas si compliqué qu'on le croit. En somme, qu'est-ce qu'une ruche ? Une simple caisse : « *corps de ruche* », avec un fond fixe ou mobile : « *plateau* », dans laquelle sont suspendus les rayons mobiles : « *cadres* », couverts de planchettes ; « *plafond* », le tout protégé par un toit : « *chapiteau* », à une ou à double pente, ou seulement plat. Quel que soit le système à construire, il suffit de savoir au moins les dimensions intérieures du cadre, c'est-à-dire la hauteur et la largeur du rayon proprement dit.

On comprendra plus aisément le développement de la construction des différentes pièces d'une ruche, en suivant bien les indications que nous allons donner en détail sur notre modèle.

Comme nous, chaque apiculteur, tant soit peu menuisier, pourra faire lui-même toutes ses ruches. A la rigueur et pour gagner du temps, il fera bien, si l'occasion se présente, de se faire débiter à une scierie ou une menuiserie mécanique, sur mesure donnée et en séries, les différentes pièces entrant dans la composition, puis les assembler ensuite lui-même.

Le bois se prêtant le mieux à la construction est le sapin, pour les grandes pièces; le peuplier, pour les cadres. En Afrique, à défaut de ces bois provenant des caisses d'emballage, on prendra une essence demi-dure du pays. Nous avons déjà dit quelles doivent être les qualités du bois.

Enfin, toutes les pièces seront bien dressées, rabotées, et assemblées; en un mot, faites avec soin et attention, d'après les dimensions du modèle adopté. L'important ici, est que les cadres d'une ruche puissent aller et bien fonctionner dans toutes les autres d'un même système.

CHAPITRE II

LA RUCHE DITE « CONGOLAISE »

Cette ruche (fig. 7, 8, et 9), que nous présentons sous le nom de « Congolaise », est le résultat de nos études et de nos expériences sur les abeilles tropicales. Pour être juste, nous devrions dire que ces « intelligents » insectes nous ont inspiré le nouveau système de cadres,

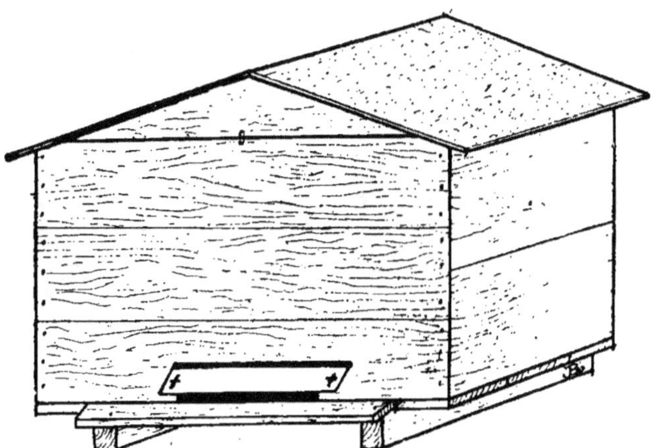

Fig. 7. — La Congolaise.

qui distingue ainsi notre ruche des autres types. Elle tire son origine des « modèles de Layens » et « Dadant », dans ce sens que, durant nos tâtonnements, nos essais, nous avons employé successivement ces deux systèmes ; mais, par suite des mœurs des abeilles et des conditions climatériques du pays, nous avons dû y apporter quelques modifications, jusqu'à ce que la ruche actuelle eût donné satisfaction aux mouches, de même qu'à l'apiculteur.

Pour ces raisons, nous avons d'abord cherché un milieu entre ces deux types, et quant à la surface du cadre, et quant à la capacité du corps; ensuite, sur le refus des ouvrières d'accepter une hausse, nous avons construit un système de cadres tout à fait naturel, supprimant : 1° l'ouverture du haut entre les cadres; 2° le passage au-dessus des porte-rayons, et 3e les planchettes « *couvre-cadres* » qui sont converties en « *remplace-cadres* », ou plafond.

Ce système (fig. 8), appelons-le « *cadre-fermeture* », ou mieux, Système « R », consiste en ce que les porte-rayons ou traverses supérieures font plafond en se joignant. Ils ont la largeur de la distance des rayons « centre à centre », soit 35 mm. et dépassent les cadres de 5 mm. de chaque côté, de façon à donner intérieurement, lorsqu'ils sont fermés, un espace de 10 mm. entre les montants.

C'est la seule, mais essentielle innovation (1), ne comptant pas les systèmes de suspension des cadres, — que nous croyions avoir apportée aux ruches d'Europe, et quoiqu'elle semble, de prime abord, n'être pas pratique, nous nous permettrons, après avoir donné la structure de notre modèle, de citer certains avantages qui ne sont pas à dédaigner.

I. — Composition de la Gongolaise

La Congolaise est une ruche horizontale, à bâtisses froides et à cadres mobiles, d'une construction simple et facile. Elle se compose : d'un plateau cloué sur deux traverses; d'un corps pouvant renfermer quinze rayons; de planchettes dites «remplace-cadres »; d'une planche de partition et d'un chapiteau à double pente (2).

1° *Plateau.* — C'est un plancher rectangulaire mesurant 60 cm.

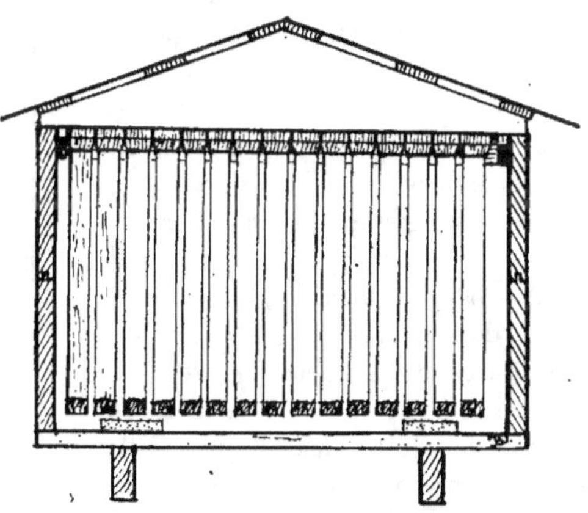

Fig. 8. — Coupe longitudinale.

(1) Depuis août 1926, nous avons quelque peu modifié le type primitif, en transformant son fond plat en plateau à nettoyage automatique, de forme triangulaire.
(2) Depuis 1927, nous avons adopté le toit plat.

de long sur 40 cm. ½ de large. Les planches qui le forment ont une épaisseur de 22 mm. Elles sont assemblées à rainure et languette et clouées à 10 cm. des extrémités, sur deux traverses de $45 \times 5 \times 3$ cm. Celles-ci

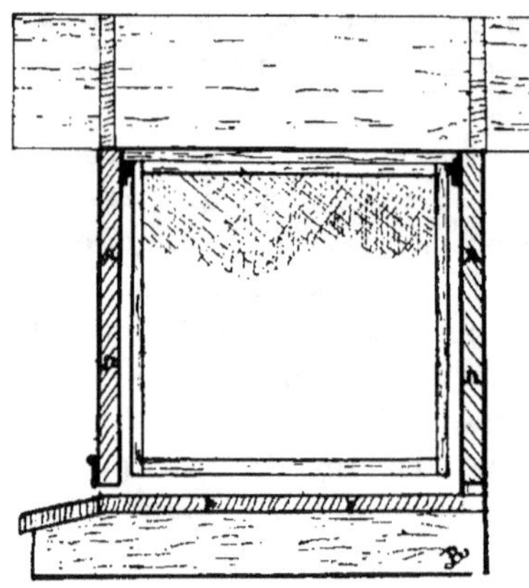

FIG. 9. — COUPE TRANSVERSALE.

dépassent en avant de 4 cm. ½ et les coins de dessus sont abattus en pente de 3 cm. de haut pour recevoir la planchette de vol, dite « placet », de $45 \times 7 \times 2$ cm. Le plateau est mobile, mais adhère à la ruche par cinq tourillons.

2° *Corps de ruche.* — C'est une caisse sans fond, également rectangulaire, d'un volume intérieur de 55×35 ½ $\times 35$ cm. ½, formée de quatre côtés, dont chacun est composé de planches de 25 mm. d'épaisseur assemblées à rainures et languette. Les petits côtés ont 35 cm. ½ de long sur 35 cm. ½ de large ; les grands côtés — le devant et le derrière — mesurent 60×35 cm. ½, et sont simplement, mais solidement cloués sur les petits. Les encoignures du haut et du bas sont renforcées par des équerres en tôle.

Entrée. — Au milieu du devant, posant sur le fond, est pratiquée une entaille : l'entrée ou trou de vol, de 20 cm. en longueur et 10 mm. hauteur, munie d'un guichet métallique mobile.

Au bas de l'arrière, à partir de 12 cm. des extrémités, sont faites deux ouvertures, dites d'aération, de 8 cm. de long sur 10 mm. de haut, recouvertes de toile métallique. Elles peuvent être pourvues d'une plaque

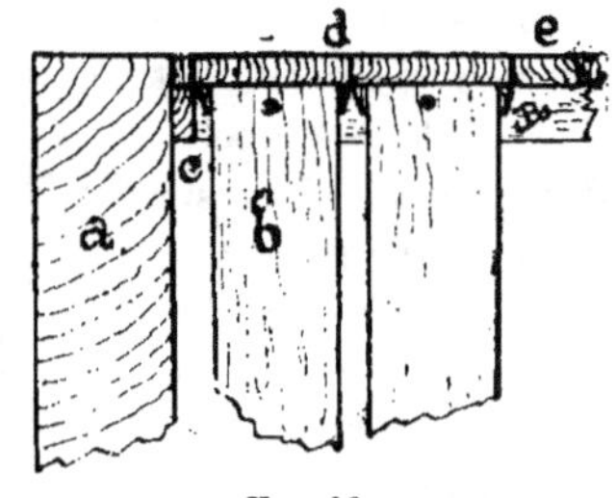

FIG. 10.

COUPE SUR LE PORTE-CADRES.

a) Petit côté de la ruche ; *b)* montant du cadre ; *c)* encadrement ; *d)* têtes de cadres ; *e)* remplace-cadres.

mobile en zinc, afin de pouvoir diminuer ou augmenter la ventilation suivant les saisons ou la force de la population.

Porte-cadres. — A l'intérieur du corps et à 1 cm. des bords supérieurs, se trouve une sorte d'encadrement (fig. 10) dont les pièces longitudinales, appelées « porte-cadres », reçoivent les têtes de cadre ; les transversales sont destinées à donner, avec le premier cadre, la distance de 10 mm. de la paroi de la ruche aux montants du cadre. Ces tringles en bois mesurent 35 cm. ½ × 2 cm. × 5 mm, et sont clouées sur les petits côtés.

Voici les trois systèmes de suspension que nous avons expérimentés et adoptés à la place des feuillures. Ils se composent :

Le premier (fig. 11), de deux lattes chanfreinées d'un côté, de 54 × 2 × 1 cm. C'est le plus économique et facile à faire.

Le deuxième (fig. 12), de deux cornières, vissées sur les grandes parois, de 55 cm. × 15 mm. × 10 mm. Il est plus pratique que le premier, si on peut facilement se procurer les cornières.

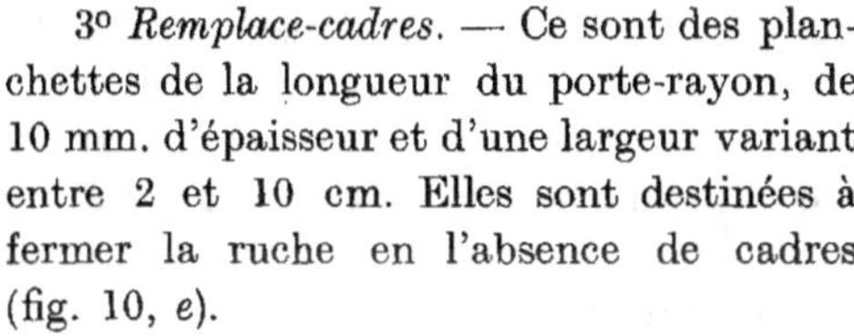

Le troisième (fig. 13), de deux bandes en tôle, de 60 × 2 cm. × 2 mm., fixées dans une rainure de 10 mm. de profondeur. C'est le meilleur, si on ne dispose pas de cornières.

3° *Remplace-cadres.* — Ce sont des planchettes de la longueur du porte-rayon, de 10 mm. d'épaisseur et d'une largeur variant entre 2 et 10 cm. Elles sont destinées à fermer la ruche en l'absence de cadres (fig. 10, *e*).

Fig. 11.

1) Porte-cadres à lattes ;
  a) Grand côté de la ruche ;
  b) Cadre.

4° *Cadres.* — Il se compose de quatre lattes, appelées traverses et montants (fig. 9 et 14).

La traverse supérieure, ou porte-rayon, mesure net : 350 mm. de long, 35 mm. de large et 20 mm. d'épais, pour le moins. Il n'y a pas d'inconvénient à ce qu'elle soit plus épaisse ; cela diminue tout simplement la hauteur intérieure du cadre de quelques millimètres. Pourtant, il vaut mieux avoir la même épaisseur ou 20 ou 25 mm. à cause de la propolisation.

Aux extrémités du porte-rayon, dites *têtes de cdadre* (fig. 15, *a*) et en desssous, est pratiquée une feuillure ou épaulement (fig. 15, *c*) de 20 mm. de long sur 10 mm. ou 15 mm. de haut, suivant qu'on emploie une épaisseur de 20 ou 25 mm. L'important, ici, est que le tenon, ou tête, ait 1 cm. d'épaisseur, quelle que soit celle de la traverse. Celle-ci est chanfreinée en dessous, de chaque côté (fig. 15, *b*), sur 3 mm. en profondeur et en hauteur jusqu'à la ligne de l'épaulement.

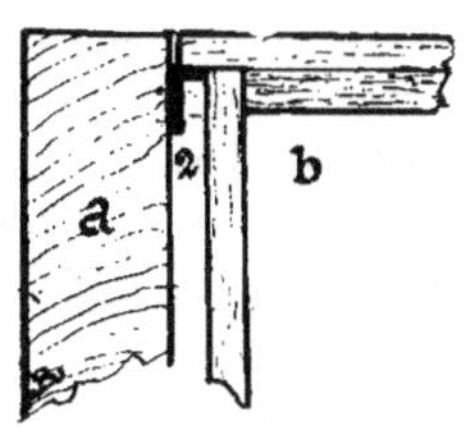

Fig. 12.

Deux Porte-Cadres
a Cornières.

Ces chanfreins servent spécialement à empêcher les ouvrières de construire entre deux cadres, — s'ils ne sont pas amorcés, — et de propoliser les porte-rayons entre eux. A la rigueur, ils n'ont pas besoin d'être faits, lorsque les cadres seront amorcés avec la cire gaufrée, mais alors, les porte-rayons doivent avoir la même épaisseur.

Les montants du cadre mesurent : $320 \times 25 \times 10$ mm., et sont cloués en haut, sur l'épaulement des têtes (fig. 15, *c*), en bas, sur la traverse inférieure qui est de $310 \times 25 \times 10$ mm.

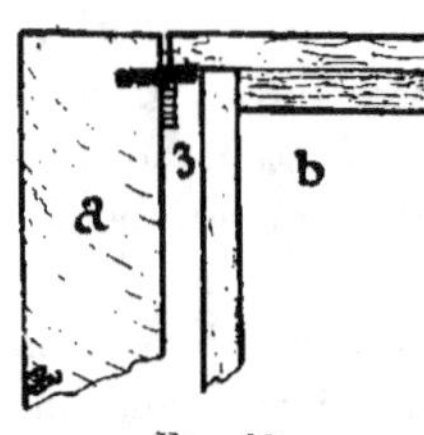

Fig. 13.
TROIS PORTE-CADRES
A BANDES DE TOLE.

Le cadre ainsi monté donne intérieurement : 30 cm. de haut sur 31 cm. de large ; extérieurement : 33 cm. de haut et 33 cm. de large. Cette largeur peut être moindre, mais ne doit nullement être dépassée. D'ailleurs, en observant parfaitement les mesures indiquées, toutes les pièces fonctionneront bien, parce que le jeu nécessaire a été calculé dans l'ensemble.

Le rayon construit dans le cadre a une surface de 18 décimètres carrés ½ — les deux faces comprises, — et peut contenir environ 8.000 cellules d'ouvrières ou 3 kilos de miel.

La distance entre les rayons, de centre à centre, est de 35 mm., tout comme la largeur des porte-rayons. L'espace de 10 mm. entre les cadres est obtenu, en haut, par la simple jonction des traverses supérieures, puisqu'elles dépassent les montants de 5 mm. de chaque côté ; en bas, il peut être maintenu par une pointe ou une vis à tête plate, dépassant le montant de 9 mm. au plus. La pointe est enfoncée dans chaque montant, — à 3 cm. de la traverse inférieure, — sur un côté seulement, mais alternativement de droite à gauche ou *vice versa*.

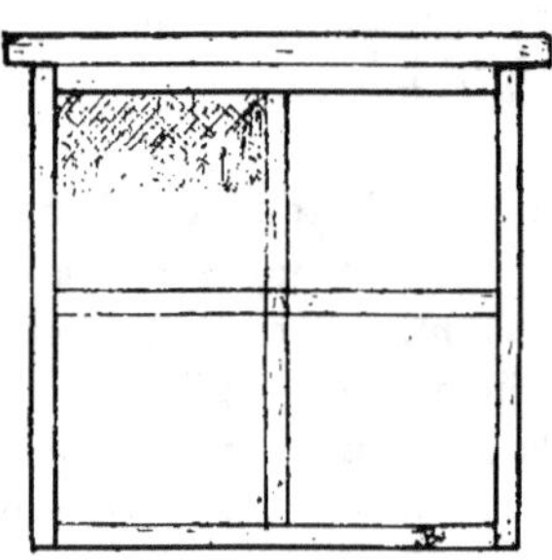

Fig. 14.
CADRE DIVISÉ POUR MIEL
EN SECTIONS.

5° *Planche de partition.* — C'est un cadre plein de 1 cm. d'épaisseur. On peut y mettre de la toile métallique au lieu de planchettes. Elle sert à diminuer ou à agrandir le corps de ruche, selon la force de la colonie ou les saisons.

6° *Chapiteau.* — Il est formé de deux pignons triangulaires de $80 \times 12 \times 2$ cm. reliés par des lattes de $65 \times 5 \times 1$ cm. ½, recevant une couverture en zinc ou en tôle. Il est maintenu sur le corps au moyen de deux tourillons enfoncés au milieu des pignons, et dépasse le devant de 15 cm.; les côtés et le derrière de 10 cm.

Toute ruche ainsi terminée reçoit extérieurement deux couches de peinture à l'huile, de couleur différente. Les teintes claires et mates conviennent bien; par contre, le blanc pur doit être évité : les abeilles ne le supportent pas, probablement à cause de la réverbération qu'il produit. Nous n'avons jamais pu conserver une population dans une ruche en blanc, jusqu'à ce que celle-ci fût peinte en gris foncé. A défaut de peinture à l'huile, on emploiera un badigeon à la chaux ou au carbure éteints, en y ajoutant un mordant, — colle forte ou potasse de lessive, — ainsi que les couleurs désirées.

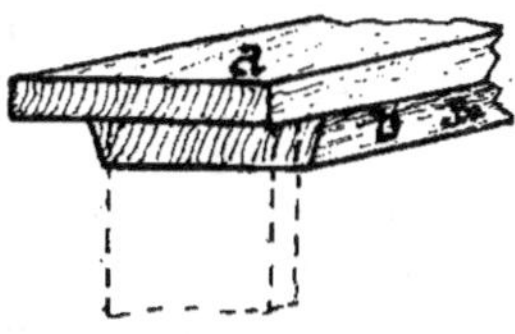

Fig. 15.
PORTE-RAYON.
a) Tête de cadre ; b) Chanfrein ; c) Epaulement.

Par tout ce qui vient d'être dit, concernant la simplicité de la construction et ses accessoires, on comprendra aisément que nous nous plaçons sur le terrain « africain », où l'on n'a pas toujours sous la main les instruments et les matières nécessaires. L'essentiel est de ne pas se départir des dimensions qui caractérisent notre ruche et de porter son attention sur la fabrication des cadres pour leur bon fonctionnement dans le corps.

Voici, en résumé, les dimensions nettes des différentes et principales pièces de la Congolaise.

Mesures en centimètres :	Longueur	Largeur	Épaisseur
Plateau (en 3 planches)...........	60	40 ½	2
Corps de ruche (intérieur)........	55	35 ½	35 ½ haut
Grands côtés (en 3 planches)......	60	35 ½	2 ½
Petits côtés (en 2 planches).......	35 ½	35 ½	2 ½
Cadre (extérieurement)..........	33	33	
Cadre (intérieurement)..........	30	31	
Traverse supérieure.............	35	3 ½	2
Montants......................	32	2 ½	1 (max.)
Traverse inférieure.............	31	2 ½	1 (min.)

II. — CONSIDÉRATIONS SUR LA CONGOLAISE

Telle qu'elle est constituée, la Congolaise est éminemment et essentiellement une ruche horizontale, propre à l'Afrique-Équatoriale et créée d'après les mœurs des abeilles et le climat du pays; nous disons

« propre à l'Afrique », parce qu'elle y a fait ses preuves ; mais, croyons-nous, elle pourrait être utilisée en Europe, ou du moins son système de cadres qui s'adapte à toutes sortes de ruches. A part ce système, elle n'a rien de bien particulier dans sa construction qui est d'une simplicité et d'une facilité enfantines, d'autant plus que ses mesures sont nettes et précises.

Notre unique préoccupation était de trouver une ruche solide, commode, aisée à manipuler sans danger pour l'apiculteur, comme sans inconvénient pour les abeilles, mais aussi, facile à construire : à la portée des indigènes qui désirent nous imiter dans l'avenir.

Ces buts ont-ils été atteints ? Nous l'affirmons et la suite le démontrera. La Congolaise possède-t-elle les qualités requises d'une bonne ruche, et son système de cadres procure-t-il les avantages du système mobiliste ? Assurément, puisque leur construction a été basée sur ces principes et que depuis, dans la pratique, ils nous donnent entière satisfaction.

Pourtant, nous ne sommes pas exclusif, et nous ne prétendons nullement ne pas trouver mieux. Nous laissons donc toute latitude à ceux qui, dans la suite, pratiqueront l'apiculture en pays tropical, d'améliorer, de modifier notre système de ruche. On voudra bien remarquer que les présentes considérations concernent l'apiculture africaine et non pas l'européenne, n'ayant pas encore expérimenté celle-ci.

Justifions, si l'on peut dire et pour l'édification du débutant, les modifications par nous apportées aux meilleurs systèmes d'Europe.

1º *Cadre.* — Le cadre Dadant, 27 × 42 cm., d'abord essayé, semblait aux abeilles trop large par rapport à sa hauteur : ou bien elles ne le finissaient pas, ou bien elles y construisaient deux rayons séparés. Ceci constaté, nous adoptâmes une division verticale ; autre inconvénient : les ouvrières remplissaient les divisions d'un côté d'abord, puis de l'autre ; la mère s'obstinait à ne pondre que sur un seul côté. Résultat : couvain et miel se trouvèrent dans le même cadre.

Abandonnant le « Dadant », nous essayâmes le « de Layens ». Ce cadre, 37 × 31 cm., réussit bien, les abeilles aimant à bâtir en longueur. Cela ne nous satisfaisait pas : le rayon, très long et lourd, s'affaissait, se brisait facilement sous le poids du couvain ou du miel, n'étant attaché que par le haut. Nous avons alors cherché à tourner cette difficulté par l'emploi du fil de fer, mais les ouvrières ne se prêtaient pas à cette combinaison ; puis, par une division horizontale, cependant sans résultat appréciable. De guerre lasse, nous avons trouvé et adopté définitivement le cadre actuel, 30 × 31 cm. dans œuvre, qui réussit très bien, surtout avec la cire gaufrée. Le rayon est plus résistant, ne s'affaisse pas et convient bien aux abeilles.

2º *Ruche*. — Le corps de notre ruche, renfermant jusqu'à 15 cadres, a une capacité de 69 litres, dont 41 sont occupés par les rayons. Il reste donc un vide d'environ 28 litres, où les abeilles peuvent être bien à l'aise.

Nous avons expérimenté qu'une colonie se développe et prospère davantage, dans une ruche où le vide est proportionné au volume occupé par les bâtisses. En estimant la contenance d'un litre à environ 3.000 abeilles, notre ruche peut facilement loger, outre le couvain, une population de 80.000 ouvrières.

3º *Système de cadres : Ses avantages*. — Entre temps, nous nous demandions pourquoi laisser le vide entre les porte-rayons, entre ceux-ci et le plafond, puisque nos abeilles refusaient la hausse. Ces « intelligents » insectes nous avaient déjà fait comprendre, par certaines démonstrations, qu'ils n'ont nullement besoin de cette « salle de promenade ». De là est né notre système « R ». Nous en sommes reconnaissant à nos chères ouvrières ; depuis, en effet, nous avons des compensations telles que nous ne regrettons point la hausse, au contraire ; aurions-nous à nous en servir, nous hésiterions à l'employer à l'avenir.

Quels sont donc ces avantages ? Les voici :

a) *Pour l'apiculteur* : facilité, rapidité, sécurité dans ses opérations et ses inspections.

Facilité. — La propolisation des traverses supérieures est sinon évitée, du moins considérablement affaiblie, soit par les chanfreins, soit par la jonction parfaite. Les têtes de cadres, reposant sur les lattes chanfreinées, sur les cornières ou sur les bandes de tôle, ne peuvent y être collées que très peu dans les coins supérieurs des montants. La propolis, constamment chauffée, ne durcit jamais. Donc, facilité de séparer les cadres, de les glisser, de les manipuler, de les retirer.

Rapidité. — La rapidité est assurée en ce que les cadres, simplement suspendus et libres de tout crochet dans le corps, peuvent être glissés par 3, 5, 8, 12, suivant l'endroit de la ruche à visiter ou à opérer. Evidemment, avant toute opération, on aura détaché les cadres, sans pourtant les écarter à jour, et enlevé la planchette après le dernier cadre ou celui-ci même, s'il en était besoin. Il est avantageux de laisser un vide de 2 à 3 cm. entre le dernier cadre et la paroi de la ruche.

Sécurité. — La rapidité d'une opération ou d'une visite est encore favorisée par une vraie sécurité que ne donnent pas les autres ruches ; car, en dehors de l'écartement de deux rayons, la Congolaise reste fermée. L'apiculteur n'est pas asssailli, dès qu'il l'ouvre, par une nuée d'ouvrières plus ou moins affolées ou irritées, et il peut aisément tenir en respect celles qui sont mises à jour, sans avoir besoin d'enfumer toute la ruchée par le trou de vol; de plus, les pillardes ne sont pas à redouter, vu le peu d'ouverture et la promptitude à la fermer en cas de nécessité ou d'accident. Enfin, grâce aussi au système de suspension des cadres, qui met les traverses supérieures au niveau des parois du corps, l'endroit d'une opération, rendue périlleuse ou impossible par suite d'irritation des ouvrières, peut être couvert instantanément et momentanément avec une planchette ou une toile.

b) Pour les abeilles. — Les abeilles elles-mêmes bénéficient de ce système. La ruche restant fermée naturellemment, hermétiquement, les variations atmosphériques du dehors n'ont aucune influence sur le couvain : celui-ci garde une température égale et constante, bien que l'air soit renouvelé progressivement par l'aération du bas. Pour ces raisons, les ouvrières n'ont pas besoin d'être nombreuses et compactes sur le couvain pour le réchauffer, ce qui augmente le nombre des butineuses.

Nous avons toujours remarqué peu d'abeilles sur le couvain qui est régulier du haut en bas du rayon, sans mélange de miel; dans cette condition, la mère est facile à trouver.

Lors d'une visite ou d'une opération, le couvain n'est pas exposé à subir des courants d'air nuisibles; les abeilles, non plus, n'en sont pas incommodées. Il y a bien d'autres petits avantages qu'il serait trop long d'énumérer; un bon apiculteur les trouvera de lui-même, en faisant usage de notre système de cadres.

4º Porte-cadres. — Nous avons supprimé dans notre ruche la feuillure, — en haut et à l'intérieur des grands côtés, — destinée à recevoir les têtes de cadres en la remplaçant par les systèmes de suspension : fig. 11, 12 et 13. D'abord, les têtes sont moins longues, donc plus résistantes; ensuite, elles ne peuvent être propolisées aux parois, ni par-dessus ni par-dessous, comme dans les autres ruches; enfin, les porte-cadres servent de guides aux rayons : en les retirant ou les plaçant, ceux-ci n'écrasent pas d'abeilles de côté et d'autre.

III. — Modifications de la Congolaise

La Congolaise primitive, qui date de 1920, a été modifiée en août 1926. Les innovations faites à ce dernier modèle (fig. 16) portent seulement sur le toit et sur le fond. Le corps de ruche ne change en rien : il est placé sur le plateau où il se maintient au moyen de quatre tourillons.

Le toit est plat, formé de planchettes assemblées de 15 mm. d'épaisseur et recouvert d'une feuille de zinc ou de tôle. Il dépasse le corps
de 2 cm. ½ de côté, lesquels sont pris par un encadrement de 2 cm.
de haut. Ainsi le chapiteau s'emboîte
sur la ruche, et n'y donne pas accès
aux araignées et teignes.

Le fond, au lieu d'être plat, a la
forme d'un triangle renversé, dont
la hauteur intérieur est de 12 cm.,
soit le tiers de la base. Il augmente le
volume de la ruche d'environ 12 litres.
Le plateau, étant incliné, est du
même coup rendu à nettoyage automatique, mais reste mobile ou amo-
vible.

Avantages. — En plus des avantages
déjà cités, le modèle 1926 ajoute les
suivants :

1º La ruche reste toujours propre,
puisque l'évacuation des déchets et
des eaux de condensation s'accomplit d'elle-même, grâce au fond
évasé et incliné.

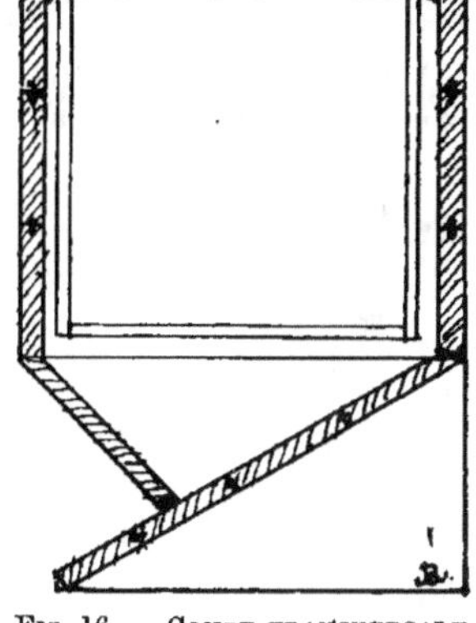

Fig. 16. — Coupe transversale
(Modèle 1926).

2º Pour les abeilles : plus de place et plus d'air. Au lieu d'encombrer

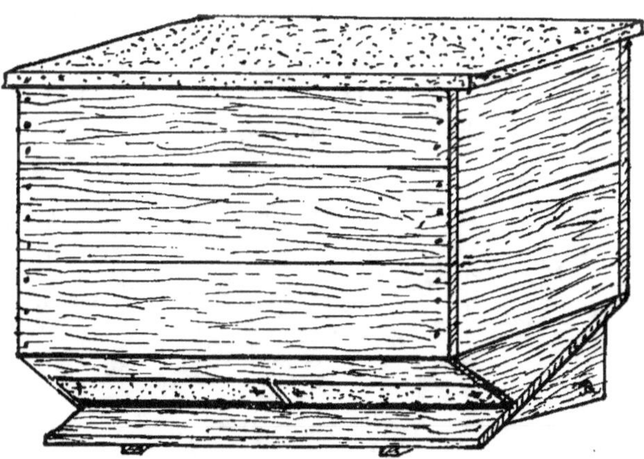

Fig. 17.

le plateau et la planchette de vol, pendant le repos, les ouvrières
restent en ruche et se suspendent au-dessous des cadres.

3⁰ Vu cette particularité, une inspection ou une opération sont aisées à faire : il ne reste, pour ainsi dire, pas d'abeilles sur les rayons.

4⁰ L'entrée, pratiquée sur toute la longueur de la ruche, donne une large ventilation avec les ouvertures d'aération de l'arrière. De plus, elle est protégée du soleil et garantie de la pluie.

5⁰ Enfin, grâce au vide ou chambre à air sous les cadres, les ouvrières, — surtout celles d'un grand essaim, — y forment la grappe pour l'élaboration de la cire destinée à la construction des rayons. Nous l'avons constaté, et cela constitue de lui-même un très grand avantage.

QUATRIÈME PARTIE

CONDUITE DU RUCHER
INSTRUCTIONS, OPÉRATIONS, MÉTHODES PRATIQUES

CHAPITRE PREMIER

FONDATION D'UNE COLONIE, ENRUCHEMENT ET DIRECTION D'UN ESSAIM

Dans les chapitres précédents, nous avons appris tout ce qu'il faut pour entreprendre la culture rationnelle des mouches à miel; dans la suite, nous en apprendrons la manière méthodique et pratique.

Nous avons vu que, dans l'établissement d'un apier, trois choses sont nécessaires :

1º Un emplacement répondant aux exigences des abeilles.

2º Une ruche, avec ses cadres mobiles, donnant satisfaction aux ouvrières, dans sa construction, ses dimensions, sa protection contre les éléments de la nature, et aussi à l'apiculteur, pour la facilité, la sûreté, la rapidité des opérations, le rendement en miel et cire.

3º Une population. Voilà l'essentiel!

1º *Comment se la procurer?*

Rien de plus facile : elle se présentera d'elle-même pendant l'époque de l'essaimage : août à mai. En effet, nombreux sont les essaims voyageurs à la recherche d'une demeure. L'intensité ou fièvre de l'essaimage sauvage se produit, en Afrique Équatoriale, à trois périodes qu'on pourrait appeler : *primaire, secondaire et tertiaire.*

a) Vers la fin de la saison sèche : septembre-octobre.

b) Au milieu de la saison des pluies : janvier-février.

c) Au commencement de la saison sèche : mai-juin.

D'ailleurs, les vieilles mères de ces essaims n'ont jamais plus de quatre mois d'âge. Il vaut donc mieux attendre cette émigration que d'aller en forêt, faire une chasse toujours intéressante, mais souvent douloureuse et inutile.

2° *Comment s'emparer du premier essaim venu ?*

Connaissant les habitudes des abeilles sauvages, nous indiquerons deux méthodes sûres de capture. Le plus difficile est assurément de forcer le premier essaim à rester ; mais dès qu'on a une colonie établie, l'avenir du rucher est rendu stable, car elle attirera les autres essaims vagabonds qui s'y fixeront d'eux-mêmes.

Qu'on ne se décourage pas par quelques petits insuccès, — apanage de tout commencement ; — du reste, en suivant bien nos instructions, on ne les connaîtra même pas.

1re *Méthode.* — Aux timides, nous conseillons de poser une ruche bien conditionnée, munie de cadres amorcés avec de la cire gaufrée ou des morceaux de rayons, — à défaut de ces amorces, fixer le long et au milieu des porte-rayons, un fil de fer de 2 mm. de calibre, enduit de cire, afin de servir de guide aux ouvrières, — dans un endroit quelconque de leur jardin.

Il n'est pas douteux qu'un jour ou l'autre, pendant la période de l'essaimage, des éclaireurs ne la découvrent et n'amènent le gros de l'essaim. S'il entre immédiatement à son arrivée, votre ruche est faite : vous pouvez la mettre de suite sur l'emplacement définitif.

Simple avis. — Si le bois exhalait une odeur forte ou désagréable, il serait bon de frotter l'intérieur de la ruche avec des feuilles de citronnelle, de menthe, d'oranger, de citronnier ou de toute plante aromatique. Pas de parfum trop prononcé.

2e *Méthode.* — Les plus courageux peuvent essayer du même moyen ; c'est plus sûr et moins dangereux. Toutefois, il vaut mieux s'aguerrir dès le commencement, afin de se faire au maniement des abeilles dans d'autres opérations. Par conséquent, si un essaim se présentait sans entrer dans la ruche, il faudrait le cueillir. Ce n'est pas si compliqué qu'on le croit ; avec un peu de sang-froid et de dextérité, cette cueillette devient un plaisir.

Rappelons-nous qu'une ouvrière gorgée de miel ne pique jamais, à moins qu'on ne la presse ou blesse. Or, un essaim ne quitte pas la ruchée mère, ou souche, sans s'être bien pourvu de miel; donc, il est très pacifique. Parfois, quelques abeilles imprudentes n'ont pas eu le temps ou ont négligé de se gorger; aussi est-il prudent de se couvrir le visage d'un voile en tulle noir. Quant aux mains, il suffit de les frotter d'une plante aromatique ou les enduire d'un baume quelconque : le baume du Pérou convient bien.

Nous déconseillons les gants, qui irritent les bestioles plus que la peau nue, nous en avons fait la triste expérience. Du reste, une fois connu des abeilles et habitué à leur maniement, on trouvera ces précautions superflues et gênantes. Enfin, ne pas oublier l'enfumoir avec combustibles; la fumée, agissant vite sur le système nerveux des mouches, les tient en respect. Venons à l'opération.

Capture directe d'un essaim. — Quelle est sa position ? Elle est favorable : l'essaim est suspendu à une branchette d'arbre à hauteur accessible. Rien de plus facile, surtout si celle-là peut être coupée avec un sécateur. Mettons notre ruche, ouverte et garnie de la moitié des cadres — suivant la force de l'essaim — sous l'arbre; tenons la branche d'une main, le plus près possible de la grappe d'abeilles, et de l'autre coupons-la sans secousse. Plaçons doucement l'essaim dans la ruche et fermons-la avec les tablettes « remplace-cadres », en ayant soin de ne pas écraser d'ouvrières. Nous enlèverons le morceau de bois le lendemain matin ou soir.

Si la branchette est trop longue pour entrer, on la tiendra dans l'ouverture et, d'un coup sec, on fera tomber l'essaim. Immédiatement, on projettera quelques bouffées de fumée sur les abeilles, pour les maintenir et pouvoir fermer la ruche sans en écraser. Celles qui se seraient échappées rallieront vite leurs compagnes, en attendant le rappel. Quand toutes sont rentrées, on diminuera le trou de vol avec le guichet mobile, ne laissant qu'une hauteur de 5 mm., juste assez pour laisser passer les ouvrières; puis on placera la ruche dans l'apier.

L'entrée sera maintenue à cette faible hauteur, pendant 4 à 8 jours, si l'essaim constitue la première colonie; car, en cas de tentative de fuite, la femelle ne pourra sortir, étant plus grosse, et les ouvrières, n'ayant pas leur mère, la rejoindront de nouveau.

3° *Autres positions de l'essaim.*

Lorsqu'un essaim occupe un endroit où il est difficile de s'emparer au moins de la moitié avec la mère, par exemple dans une haie ou un arbuste, on le fera lever par la fumée et, sitôt débandé, on le force à se poser en lui lançant de l'eau, au moyen d'une seringue de jardinier ou d'un autre ustensile. L'eau est de beaucoup plus efficace que le sable.

Est-il suspendu à une grosse branche ? collé à un mur ou un tronc d'arbre ? étendu par terre ? Le cueillir à l'aide d'une forte toile et le verser doucement dans la ruche ou sur une planche devant l'entrée. Il est mauvais et surtout dangereux de faire tomber, d'une grande hauteur, un essaim directement dans la ruche.

Point n'est besoin de capturer la totalité de l'essaim ; il suffit d'en avoir une partie avec la mère, — ou seulement celle-ci, — qui se trouve généralement au milieu de la grappe. Les plus hardis pourront la prendre avec les doigts, si elle se présentait isolée, et la mettre dans la ruche, en en diminuant aussitôt l'entrée ; puis ils verseront quelques ouvrières sur la planchette de vol. Celles-là, ayant connaissance de leur mère, avertiront leurs compagnes qui la rejoindront sans tarder. On rouvrira l'entrée et, lorsque toutes les abeilles seront dans la ruche, on ramènera le guichet à 5 mm. d'ouverture.

4º *Comment savoir :*

a) *Si la mère est prise ?* — Dans la capture totale de l'essaim, il n'y a pas de doute ; dans la partielle, la mère est prise, si les ouvrières enruchées ne désertent pas et si les autres les rallient de suite ; sinon, les premières retourneront au groupe resté en place, et l'opération est à recommencer. Pour éviter cet inconvénient, on chasse immédiatement, après avoir capturé une partie de l'essaim, l'autre restée suspendue. Les abeilles débandées, entendant le bourdonnement dans la ruche, y entreront aussitôt.

b) *Si la mère reste ?* — Elle se plaît et reste, si ses filles travaillent une heure après l'enruchement ou dès le lendemain matin, s'il n'y a pas eu tentative d'évasion pendant la journée. Se méfier d'un calme plat, signe évident d'un projet de fuite.

5º *Précautions à prendre pour une nouvelle colonie.*

Nous avons dit, au chapitre des Mœurs, qu'il est assez difficile d'amener un essaim à construire sur cadres, etc.

Quand un essaim s'installe de lui-même dans une ruche pourvue de tous ses cadres, il n'y a pas lieu de s'en inquiéter : c'est parfait. Il n'en est pas toujours ainsi, soit qu'on ne dispose pas assez de cadres au moment voulu, soit qu'on ait été obligé de cueillir l'essaim et à cette fin, d'en enlever un certain nombre. Il arrive le plus souvent que les ouvrières bâtissent, non pas dans les cadres, mais sur les planchettes servant de plafond.

Pour empêcher les abeilles de monter dans le vide, on le sépare des rayons par la planche de partition. Si, malgré cette précaution, elles se sont établies dans le compartiment vide, on procédera de la façon suivante, de même que pour un essaim capturé qui ne serait pas allé sur les cadres.

6º *Forçage d'un essaim d'aller sur les cadres.*

Reprenons notre sujet de plus haut : l'essaim est enruché, la ruche sur place définitive, l'entrée diminuée. Le lendemain matin, assurons-nous d'un coup d'œil rapide si les abeilles sont ou non sur les cadres. Y sont-elles ? tout va bien ; enlevons vivement branche et feuilles, mettons la partition à 5 cm. du dernier cadre et fermons la ruche.

Remarques. — Ne pas ouvrir la ruche, s'il y avait eu tentative de fuite la veille, ou si les ouvrières ne travaillent pas ; attendre un ou deux jours, plutôt, jusqu'à ce que ces tentatives aient cessé et que le butinage ait repris ; employer peu ou point de fumée et par nécessité seulement.

Mais l'essaim est hors des cadres !

Observons sa position, retirons le morceau de branche, si possible, fermons la ruche et attendons jusqu'à 5 heures du soir.

La position de l'essaim, supposons-nous, est la suivante : il occupe le coin opposé aux cadres, — à droite, — sur une largeur de 26 cm. ou quatre planchettes. Les cadres sont à gauche et au nombre de 8.

a) *Méthode indirecte en deux phases.*

1re *phase.* — Ayons à notre disposition quelques cadres, l'enfumoir, des tablettes de différentes largeurs, la brosse ou balai, la toile phéniquée. Mettons devant l'entrée une planche s'adaptant au placet, pour y secouer les abeilles, si c'est nécessaire. Ouvrons la ruche du côté des cadres et retirons-en les quatre premiers ; couvrons l'ouverture et portons-nous sur le côté droit où se trouve l'essaim. Doucement, poussons, en les faisant glisser, les tablettes occupées par la grappe dans la direction opposée jusqu'à ce que les cadres restants touchent la petite paroi. Remplaçons vivement le vide par trois cadres et couvrons le reste de l'ouverture avec la toile. Ecartons maintenant la planchette la plus libre du quatrième cadre à gauche, enlevons-la, chassons-en les ouvrières; prenons la suivante et débarrassons-la, ramenons les cadres pour fermer.

Il reste deux tablettes où le groupe d'abeilles est entier et compact. Il s'agit de le diviser en deux; pour cela, séparons lentement les planchettes et intercalons d'abord un cadre, sans nous presser pour que les mouches puissent lâcher prise, puis deux ou trois autres. Fermons la ruche, en ayant soin de ne pas écraser d'ouvrières, et attendons jusqu'au lendemain soir pour finir le forçage.

Voilà notre essaim partagé en deux : chaque groupe entre des cadres. Celui qui renferme la mère restera sur la planchette, tandis que l'autre la rejoindra pendant la nuit et, ne trouvant pas assez de place, se fixera sur les cadres. Il arrive souvent que les deux tronçons s'établissent sur les rayons du milieu.

Le lendemain matin, assurons-nous du résultat de l'opération. Si les remplace-cadres sont abandonnés, retirons-les; joignons les rayons, mettons la planche de partition et fermons la ruche.

Mais une seule tablette est libre! Enlevons-la, fermons et attendons jusqu'à 17 heures ou une demi-heure avant le coucher du soleil, pour opérer la deuxième phase du forçage.

Nous disons *avant* et non pas *après* le coucher du soleil, parce que celui-ci a lieu à 18 heures et la nuit suit presque aussitôt sous le ciel équatorial. L'opération ne doit jamais se faire dans la journée, avant 5 heures du soir, sous peine de provoquer une désertion.

2e *phase.* — Ayons près de nous les instruments de la veille. Ouvrons la ruche du côté des cadres inoccupés, reculons-les ou retirons-en deux, même tous pour avoir assez d'espace. Le groupe resté en place est ainsi à découvert. Chassons-le avec une fumée légère, jusqu'à ce qu'il ait presque quitté la tablette; enlevons celle-ci, secouons-en les abeilles dans la ruche ou devant l'entrée; joignons les cadres, mettons la séparation et fermons.

Sur la planchette retirée se trouveront deux petits rayons pourvus d'œufs. Ils sont précieux quand on n'a pas d'amorces en cire gaufrée. On les collera donc dans deux cadres qu'on rendra à l'essaim le soir même, ou dès le lendemain matin.

La méthode que nous venons de décrire est assurément, bien que partagée en deux périodes, la meilleure et la plus douce pour réussir à garder une nouvelle colonie, surtout une toute première. La réussite de celle-ci est encore plus certaine, si on lui laisse la planchette occupée par la mère. Sans doute, on aura l'inconvénient d'avoir un ou deux rayons fixes; mais qu'est-ce cela en comparaison des succès résultant de la première ruchée!

Notre première colonie réussie, établie s'entend, en avait bien cinq que nous avons laissés pendant trois ans. Grâce à elle, notre rucher s'est peuplé depuis, plus vite que nous le désirions et même sans nous en occuper. Nous en reparlerons dans la suite.

En conséquence, cher Lecteur, faites en sorte que le premier essaim vous reste; plus tard, vous pourrez pratiquer le forçage en une seule et même opération.

b) Méthode directe. — Pour ce faire, point n'est besoin de partager l'essaim en deux. Après avoir retiré 3 ou 4 cadres d'un côté et, de l'autre, glissé les tablettes occupées par l'essaim pour le mettre à nu, on chasse les abeilles par la fumée sur les cadres restés. On enlève ou recule l'une après l'autre, les planchettes abandonnées, puis on ajoute 2 à 4 cadres, suivant la force de l'essaim et, la partition posée, on ferme la ruche.

Il est très important que cette sorte d'opération soit faite dans les premiers jours de l'arrivée ou de la capture d'un essaim, et non pas plus tard; car les abeilles sont faciles à manipuler tant qu'elles n'ont pas avancé les constructions. Elles ne se défendent, n'attaquent ni ne piquent, à moins d'être maltraitées ou blessées par maladresse ou brusquerie. Pourquoi sont-elles si douces, si pacifiques ? Parce qu'elles sont craintives au commencement, mais surtout, parce qu'elles sont constamment gorgées de miel, pour sécréter la cire qui leur sert à fabriquer les rayons. Il n'en est plus de même, lorsque les bâtisses se multiplient, s'allongent, se remplissent de couvain et de miel : la timidité fait alors place à la vigilance, à l'audace.

7º *Moyen d'augmenter rapidement ses colonies sans avoir recours à l'essaimage naturel ou à l'artificiel.*

Il est en effet très simple, sûr et sans efforts. Nous avons appris qu'une ruchée établie attire les essaims vagabonds. Il suffit donc de placer, de-ci, de-là, à proximité de la colonie ou de l'apier, quelques ruches toutes prêtes, ou, à défaut, des caisses en forme de ruche, munies de cadres.

Il est incontestable qu'un essaim important, en quête d'une demeure, expédie des éclaireurs dans toutes les directions. Soit que l'acuité visuelle, soit que le sens olfactif aient un grand développement chez les abeilles, elles découvrent à une très grande distance, — 2 à 3 kilomètres — les objets qu'elles aiment ou convoitent. Dans leurs recherches les abeilles éclaireurs, remarquant leur gent et son habitacle, inspectent tous les alentours pour y découvrir une semblable demeure. Si la chance les favorise d'une ruche vide, par suite de la prévoyance de l'apiculteur, le gros de l'essaim ne tardera guère à s'y installer de lui-même.

Plus nombreux sont les éclaireurs, plus considérable est l'essaim; ils précèdent son arrivée d'un jour, de quelques heures, le plus souvent d'une heure seulement : cela dépend de la distance à franchir et des conditions atmosphériques. Il est curieux et agréable d'observer de près les allées et venues des éclaireurs et l'arrivée de toute la troupe. On peut bien l'appeler ainsi, puisqu'elle renferme jusqu'à 30.000 abeilles et souvent davantage.

On remarque d'abord deux ou trois ouvrières, voltigeant autour d'une ruche vide, l'inspectant sur toutes ses faces, se posant légèrement sur le placet, s'introduisant par l'entrée avec circonspection. Elles sortent presque aussitôt, rentrent de nouveau, ressortent et recommencent plusieurs fois les mêmes inspections. Enfin, la trouvant à leur goût, elles se posent, battent des ailes, se touchent mutuellement les antennes, se culbutent, courent rapidement sur la planche de vol, s'arrêtent et frissonnent, par moment, de tout leur corps en produisant une espèce de chant. On les dirait devenues folles!...

Après quelques instants de ces démonstrations de joie — sorte de langage pour se faire comprendre (1) — elles s'envolent pour annoncer, sans doute, la bonne nouvelle à leurs compagnes. En effet, d'autres arrivent : dix, vingt, cinquante, augmentant de plus en plus le nombre, recommençant les mêmes excentricités chorégraphiques, si l'on peut dire ; puis leur nombre diminue progressivement, n'en laissant qu'une dizaine ou vingtaine sur place.

Ce sont les gendarmes qui feront bonne garde et défendront la cité nouvelle avec énergie contre tout agresseur. Il arrive parfois que les éclaireurs de deux essaims la découvrent presque en même temps, — et aussi que les essaims surviennent l'un après l'autre; — il s'en suit une bataille furieuse et meurtrière entre eux : naturellement, ici, le nombre l'emporte sur la valeur. Toutefois, si deux ou plusieurs essaims se réunissent au vol, avant de se poser, le combat n'aura pas lieu dans la ruche, mais pour pouvoir garder cette colonie renfermant

---

(1) Nous disons « langage », bien que ce mot ne puisse s'appliquer à ces moyens de communication. Il est indubitable que les abeilles ont des signes pour se communiquer leurs impressions bonnes ou mauvaises, ou pour se faire comprendre entre elles. Les démonstrations ou les émissions changent plus ou moins, suivant la circonstance, ou, plutôt, la nature des choses ou des causes. Nous en sommes certain pour les avoir vues, constatées, étudiées; nous les avons observés, ces signes, non seulement dans le cas présent, mais encore dans bien d'autres, comme la découverte du miel, la perte de leur mère, le moyen d'en élever une, avant et après la fécondation de leur nouvelle mère, etc., etc.

plusieurs mères, il faut observer les précautions mentionnéés dans l'article : « Comment capturer plusieurs essaims à la fois ? »

Si la garde est laissée, une demi-heure, une heure au plus — entre 10 et 16 heures — après le départ des ouvrières qui auront averti la ruchée mère, surviendra le gros de l'essaim précédé et conduit par l'avant-garde des éclaireurs. Toute la nuée se dirige droit sur l'emplacement repéré, tourbillonne un moment au-dessus de la ruche et s'abat avec justesse et précipitation sur la planche de vol.

Dès que l'essaim est entré, on porte la ruche ou la caisse sur l'endroit qu'elle doit occuper dans le rucher; car, en général, les ouvrières travaillent une demi-heure après leur arrivée.

Est-il hors des cadres ? on le forcera le lendemain soir, comme nous l'avons vu. Est-il dans une caisse provisoire ? On le transvasera, le lendemain, dans une ruche, s'il n'est pas sur cadres; s'il y est, on attendra au moins huit jours pour le transvaser, d'après la méthode que nous allons donner au chapitre suivant.

8º *Précautions à prendre.*

En employant le moyen susmentionné, afin d'augmenter ses ruchées sans dérangements, sans peine ni perte de temps, il est utile de savoir ce qu'il faut éviter pour bénéficier de tels avantages.

Par conséquent, ne jamais laisser des ruches vides et ouvertes dans l'alignement, à moins qu'elles ne soient éloignées des autres de 2 à 3 mètres ou placées aux extrémités. Pourquoi cela ? Voici.

Bien que les éclaireurs soient sûrs de l'habitation repérée, le gros de l'essaim, dans sa précipitation joyeuse, pourrait se tromper et s'abattre sur la ou les ruches voisines occupées. Il en résulterait un combat furieux et meurtrier qui se termine par la destruction complète de l'imprudent, quelque fort ou nombreux soit-il; car les pauvres abeilles égarées sont figées de peur, par cette attaque brusque, inattendue : elles ne se défendent même pas.

Généralement, les éclaireurs d'un énorme essaim, sentant probablement leur responsabilité ou plutôt flairant ce danger, évitent d'emmener leurs compagnes dans une ruche ainsi placée. Même si ce risque n'existait pas, deux autres facteurs aussi dangereux pourraient les induire en erreur.

Le premier, c'est le calme plat qui règne dans l'apier à l'approche d'un essaim. Les ouvrières cessent tout travail, rentrent dans leur logis, s'y tiennent tranquilles, mais font bonne garde. Comment ont-elles connaissance d'un pareil événement ? Nous ne saurions le dire !...

Le second facteur, le plus trompeur, c'est l'habitude qu'ont les abeilles tropicales de prendre l'air entre 3 et 4 heures du soir. Si un essaim survenait pendant cette récréation, — fait assez fréquent pour les petits et même les moyens qui n'envoient pas d'éclaireurs, — il serait infailliblment perdu d'avance, puisqu'il ne pourrait plus s'orienter, abusé qu'il est par le formidable bourdonnement et la multitude d'abeilles dans l'air. Que de fois nous avons assisté, impuissant, à la destruction d'essaims, passant au-dessus du rucher au moment fatal et s'abattant, comme fascinés, sur plusieurs ruches habitées!...

9º *Remèdes en cas de lutte.*

On dit : « prévenir c'est guérir! » mais, dans le cas présent, ce proverbe est sans force. Prévenir ces sortes d'accidents ? Il ne faut pas y songer, à moins de surveiller l'apier, enfumoir allumé en mains, tous les jours entre 10 et 17 heures, et cela pendant plus de six mois! car on n'est jamais certain de la venue d'un essaim, en dehors de la présence d'éclaireurs.

Remédier au mal autant que possible ? Il y a moyen, si l'on se trouve sur place juste au moment critique. Eh bien! voici d'abord notre avis, puis notre manière de faire.

Si l'essaim est petit ou moyen, ne valant pas la peine d'être sauvé, ou ne pouvant l'être intégralement, on laisse faire.

S'il est grand, — chose assez rare, — deux faits sont à considérer :

1º Est-il aux prises avec une ruchée forte ? Le sauvetage sera rude, long et hasardeux. Il demande, de la part de l'apiculteur, du sang-froid, du courage et de l'expérience. Il dépendra surtout de la position de l'imprudent. Enfin, le résultat n'est pas toujours ce que l'on attendait. Il arrive même qu'en voulant remédier au mal, on l'empire; car les abeilles assaillies deviennent si furieuses qu'elles ne reconnaissent plus rien, même pas leur meilleur ami : l'apiculteur.

2º S'est-il abattu sur une colonie faible ou moyenne ? Le mal devient un bien, l'inconvénient un avantage pour l'apiculteur avisé, puisqu'il en résulte une réunion assez facile et sûre.

10º *Manière d'opérer le sauvetage.*

a) *Le nouveau venu* est aux prises avec une colonie populeuse.

Il s'agit ici de sauver le malheureux qui s'obstine à vouloir pénétrer dans la ruche défendue. Il faut tâcher de séparer les combattants.

L'apiculteur, son visage et ses mains protégés, ses pantalons serrés autour des souliers, se porte hardiment, muni de son enfumoir allumé, sur un côté de la ruche attaquée. Il lancera quelques bonnes bouffées de fumée sur l'entrée pour la dégager ; puis la fermera avec le guichet mobile autant que faire se peut ; ensuite, il enfumera copieusement l'essaim jusqu'à ce qu'il soit chassé, le poursuivant un peu au delà de la ligne des ruches. Revenant à la colonie éprouvée, il lui ouvrira l'entrée tout en lançant de la fumée, et s'en éloignera diligemment, surtout si ses habits ont reçu des dards.

L'essaim chassé s'est-il posé en grappe ?.il a la mère. On préparera tout ce qu'il faut pour l'enrucher aussitôt. Est-il dispersé en petits groupes ? la mère manque : elle est perdue. Dans ce cas, si l'heure est trop avancée, on attendra jusqu'au lendemain matin pour le capturer, d'après la méthode que nous indiquerons plus loin.

b) L'essaim égaré s'est abattu sur une ruchée faible.

Le résultat à atteindre consiste à opérer de telle sorte que l'étranger soit non seulement sauvé, mais qu'il puisse entrer dans la ruche et s'unir à l'occupant, afin d'en former une colonie forte et prospère.

A cette fin, après avoir refoulé les abeilles sur place, il suffit de lancer de temps à autre de la fumée sur le trou de vol et non pas sur l'essaim. Quand celui-ci est entré, on enfume la ruche afin d'empêcher toute lutte à l'intérieur, on rétrécit l'entrée, et on attend près d'un quart d'heure. Si les crissements et le tumulte diminuent, tout va bien ; s'il y a lutte, on enfume légèrement.

11° *Comment s'emparer d'un essaim sans mère ?*

Voici un sujet profond et vraiment intéressant pour un amateur ou observateur !...

En effet, quelle loi les régit donc, ces ouvrières si gaies, si agiles, si actives et si vaillantes, quand la mère est parmi elles ?... si tristes, languissantes, découragées et même peureuses, lorsque la mère est morte ou perdue ?... Chose étonnante chez des insectes si redoutables ! Vraiment, ils perdent le sentiment de leur force, de leur valeur, dès qu'ils sont orphelins. Pourquoi ?... Parce que la femelle est leur raison d'être : sans elle, point de procréation, de survivance, donc point d'existence ; sans elle, c'est la misère, la destruction, la mort lente mais certaine de toute la colonie, si forte ou populeuse soit-elle.

Alors, elles n'ont pas d'espoir d'être sauvées, ces dizaines de mille abeilles qui gisent çà et là, s'abandonnant passivement au destin ? Non, elles ne peuvent rien par elles-mêmes, mais le Créateur, en refusant aux animaux l'intelligence et la science, les a données à l'homme, sa créature préférée.

C'est précisément à l'homme, à l'apiculteur attentif et expérimenté que revient le soin, le pouvoir de sauver, de ressusciter pour ainsi dire la colonie privée de sa mère. Nous avons appris qu'une ruchée ordinaire, ayant perdu sa mère soit par maladie, vieillesse ou accident, est irrévocablement vouée à la mort, si les rayons ne renferment pas d'œufs fécondés ou de couvain d'ouvrières âgé de moins de trois jours, permettant aux abeilles, qui ont reçu ce don du Créateur, de former de nouvelles femelles.

Colonie orpheline. — Dans le cas d'orphelinage, l'apiculteur dispose de trois moyens pour secourir la colonie en péril : ou de lui donner un rayon d'œufs, de larves fécondés ; ou d'y introduire une cellule maternelle operculée et mieux une mère ; ou de la réunir à une autre population.

Mais revenons à notre sujet. Il s'agit ici de cueillir d'abord l'essaim en détresse. Les signes particuliers de l'absence de mère sont les suivants : refus des abeilles d'entrer ou de rester dans la ruche ; dispersion par groupes isolés ; inertie complète et, pour ces causes, impossibilité de les capturer normalement et totalement. Si l'essaim est grand, il vaut la peine qu'on se dérange et l'on opère ainsi.

Opération. — Ouvrons une ruchée faible ou moyenne, retirons-en un cadre garni d'œufs et de couvain, — sans mère ni abeilles, — posons-le entre quelques cadres dans une ruche, portons celle-ci tout près des ouvrières orphelines. Prenons-en une grappe ou une poignée, versons-les doucement entre les cadres et fermons la ruche ; ensuite cueillons d'autres abeilles, plaçons-les devant l'entrée et attendons.

L'effet ne tardera guère de se produire. Les quelques privilégiées, qui auront découvert le trésor : le moyen de survivre, de faire une mère, sortiront aussitôt de la ruche en émettant un bruissement significatif ; elles parcourront avec frénésie et frémissement les groupes dispersés, les secouant, leur communiquant par ce langage la bonne et joyeuse nouvelle. Il se produira un renouveau, un bourdonnement harmonieux, un battement d'ailes fébrile : « le rappel ». L'essaim, tout à l'heure inerte, engourdi, se réveille, se ranime, tourbillonne autour de la ruche et y entre avec précipitation. Le voilà capturé sans peine ! Le voici sauvé !

Afin de ne pas perdre du temps à la formation d'une femelle, surtout si la saison est avancée, — avril ou mai, — il est préférable de réunir l'orphelin, le soir même, à la colonie qui a fourni le rayon de couvain.

12° *Comment capturer plusieurs essaims ?*

Il arrive assez souvent, pendant la période de l'essaimage, que plusieurs essaims viennent se fixer dans le rucher. Ils sont plus ou moins distants les uns des autres. Etant généralement petits et moyens, faut-il les négliger ? Gardons nous-en bien! Rappelons-nous que « les petits ruisseaux font les grandes rivières ». Sans doute, quand on a assez de ruchées et que toutes sont fortes et prospères, on peut se passer de deux petits essaims! mais quel est l'apiculteur, si habile soit-il, qui peut se vanter de n'avoir pas une colonie faible dans son apier ?...

Ne négligeons donc pas les petites choses et sachons que les petites causes ont parfois de grands effets. C'est ce qui a lieu avec ces essaims : soit en les réunissant à des colonies faibles pour en faire des fortes, soit en les capturant tous à la fois afin d'en former une très belle et très forte ruchée.

Voilà notre but! Comment l'atteindre ? en forçant 2, 3, ou 5 essaims à se réunir au vol.

Opération et résultat. — On fait lever les essaims, tous simultanément, par la fumée, — se faire aider suivant leur nombre et leur position; — les abeilles ainsi surprises, effrayées, débandées, désorientées, se réunissent en une seule nuée et bientôt se posent sans trop se chamailler.

Précautions à prendre. — Il faut veiller à ce que le nouvel essaim formé ne s'abatte pas sur les ruches habitées. En cas de tentative, le pourchasser avec une fumée intense protégeant à la fois les colonies en place.

Une autre précaution à prendre, en opérant cette réunion aérienne et forcée, consiste à avoir près de soi un seau plein d'eau et une seringue, afin de pouvoir asperger les mouches, en cas d'hésitation de pose ou de tentative d'éloignement.

Dès que les abeilles se sont posées, en faire l'enruchement, mettre la ruche en place, rétrécir le trou de vol de façon à ne laisser passer que les ouvrières et non les mères. Comme il y en a plusieurs, — et dans l'impossibilité de partir avec leur groupe respectif, lors d'une tentative de fuite, — les ouvrières en choisiront une et étoufferont les autres. Sans la précaution de diminuer l'entrée, la nouvelle colonie se partagerait en autant de camps qu'il y a de femelles, qui prendraient la clef des champs sans tarder, à l'exception du plus fort.

Après trois jours, on ouvrira le trou de vol normalement, ou mieux, lorsqu'on a la certitude de l'existence d'une mère. Pour s'en convaincre, on inspectera le devant de la ruche, pendant ce temps, en comptant les femelles mortes qui seront jetées dehors.

13º *Conduite de l'essaim*

Il ne suffit pas seulement d'avoir capturé ou enruché un essaim, de l'avoir mis en place; il faut encore le surveiller pendant quelque temps : le diriger dans ses constructions, dans son développement. Cette direction est indispensable, l'avenir et la propsérité de la colonie en dépendent. Voici en quoi elle consiste.

L'essaim scra laissé sur 5 à 8 cadres — selon sa force — et séparé du reste de la ruche par la planche de partition. Ces cadres ne seront qu'amorcés avec des bandes de cire gaufrée de 10, 15, 20, 25 cm. de largeur; car, les abeilles aimant à bâtir, les cellules seront toutes d'ouvrières dans les 6 ou 8 premiers rayons. Il est avantageux de placer après le dernier cadre un ou deux rayons bâtis et vides, — si l'on en dispose — qui serviront à faire provision de miel et de pollen, pour la production de la cire et la nourriture du couvain. Au fur et à mesure que les bâtisses avancent, s'achèvent et se remplissent, on reculera la partition et les rayons de réserves; on y intercalera quelques cadres amorcés, d'autres pourvus de feuilles entières.

Progressivement, on ajoutera des cadres garnis, à partir du couvain, jusqu'à ce que tous les rayons soient achevés. On enlèvera la planche de partition après le 12e cadre construit. Alors seulement, l'essaim très développé peut se passer de notre surveillance, de nos soins, parce qu'il constitue une bonne et forte colonie.

14º *Observations et expériences.*

Nous avons remarqué que la mère reste généralement sur le même côté de la ruche, soit à droite, soit à gauche. C'est très avantageux, quant à la récolte facile du miel, celui-ci se trouvant ainsi du côté opposé au couvain. Mais veut-on conserver cet avantage ? Veiller à ce que la mère ait assez de place ou de cadres pour sa ponte; éviter que le couvain soit partagé en deux par des rayons de miel. Remarque-t-on que la mère s'établit dans le compartiment réservé au miel ? Les premiers cadres du nid à couvain sont probablement remplis de nectar. Il faudrait les retirer et les remplacer par des cadres amorcés.

Une question se pose ici : Y aurait-il plus de rendcment en miel en mettant le nid à couvain au centre, de façon à ce qu'il se trouve entre deux compartiments de nectar ? Peut-être ! Nous avons déjà tenté l'expérience sans grande chance, les abeilles ne se prêtant pas aisément à cette combinaison.

Avant de terminer ce chapitre déjà si long, nous nous permettrons d'examiner une autre question très intéressante pouvant avoir son utilité. Nous nous basons, comme toujours, sur nos propres constatations ou expériences que chacun peut contrôler, spécialement en Afrique-Équatoriale où les essaims naturels pullulent.

Les abeilles d'un essaim ont-elles la certitude *absolue* de posséder leur mère et comment se comporte celle-ci : *avant, pendant* et *après* le voyage ?

Avant. — En sortant de la ruche, les ouvrières sont absolument sûres de la présence de leur mère ; car, sans elle, elles ne se décideraient pas à essaimer.

La mère ne sort pas la première de la ruche, bien qu'elle se trouve sur le plateau, prête à prendre le vol. Elle donne probablement le signal du départ, mais attend que la majeure partie de ses filles soient sorties ; elle part ensuite escortée des mâles et s'élève en l'air au-dessus de l'essaim.

Nous avons eu plusieurs fois la chance d'arriver sur place au moment critique, et de maintenir la mère prisonnière en baissant le guichet, quoique des milliers d'ouvrières fussent déjà sorties. La mère ne quitte donc pas la ruche avant ses enfants.

Pendant le trajet, les abeilles conservent cette certitude, disons apparemment, mais ne l'ont plus effectivement, puisqu'elles se dirigent rapidement, d'un seul trait — même sans la mère, — sur l'endroit vers lequel les entraînent les éclaireurs.

La mère ne précède pas ses filles et ne se trouve pas au milieu d'elles pendant le voyage ; sans quoi, en cas d'accident ou de descente, les ouvrières en auraient immédiatement connaissance et s'arrêteraient aussitôt. En conséquence, la mère suit plutôt l'essaim accompagnée des mâles comme nous l'avons souvent constaté.

Après. — Au moment d'atterrir, les abeilles n'ont pas plus cette certitude que pendant le voyage, puisque leur premier soin, après la pose, est de chercher la mère, de s'assurer de sa présence et, en cas de perte, ne s'en aperçoivent que 3 à 5 minutes après s'être groupées ou installées dans la ruche.

La mère ne se pose pas tout de suite. Elle attend que le groupe soit à peu près formé ou aggloméré sur le placet de la ruche. Pendant ce temps, elle voltige, toujours suivie des mâles, au-dessus de l'endroit ; puis se pose ou sur la planchette de vol, ou sur une feuille, une branchette, à proximitié de la grappe d'abeilles qu'elle gagne doucement.

C'est pourquoi il est facile de s'emparer de la mère seule : nous l'avons fait assez souvent. Que conclure de ce que nous venons d'étudier ?... Notre conviction est celle-ci.

« Un essaim a la certitude absolue de posséder sa mère *avant* le voyage, mais ne l'a plus *pendant* et *après*. »

Ici se présente encore une objection, un doute.

Mais alors, dira quelqu'un, du moment que les mâles accompagnent la mère, ils devraient s'apercevoir de sa disparition ! Comment se fait-il qu'ils n'avertissent pas les ouvrières de cette perte ?...

Parfaitement juste ! Nous nous sommes souvent posé cette question, sans pouvoir la résoudre d'une manière absolue, malgré nos observations sur des essaims arrivés sans femelle et nos expériences concluantes sur des colonies-déserteurs.

En effet, dans le premier cas : essaims sans mère, nous avons constaté peu ou point de mâles, alors que normalement, avec femelle, ils s'y trouvent nombreux.

Dans le second : colonies-déserteurs, — mâles et mère restant prisonniers — nous avons observé que les mâles, relaxés sans la femelle après le départ et la pose des ouvrières, ou s'envolaient, ou restaient sur le placet de la ruche.

D'après nos constatations, nos expériences renouvelées sous plusieurs formes, nous croyons que les mâles connaissent la disparition de la mère, mais n'avertissent pas les ouvrières. Pourtant, nous ne saurions dire au juste pour quelle raison, ou quelle cause, ils négligent d'avertir. Est-ce indifférence ? est-ce incapacité de leur part ?... Il est probable qu'ils n'ont pas, comme les abeilles, ce sentiment inné de la raison d'être de la femelle, ou qu'ils n'ont pas la faculté de se faire comprendre de celles-là. Peut-être aussi l'un et l'autre.

Essayons de nous en convaincre et, à cette fin, mettons en parallèle le mâle et l'ouvrière. Quelle différence d'instinct, de sollicitude, d'attachement, d'affection, entre celle-ci et celui-là, à l'égard de la mère !...

Déplaçons la ruche désertée — la femelle y restant captive, — que remarquons-nous ? Les ouvrières parties reviendront bientôt à leur ancien emplacement et, n'y trouvant plus leur demeure, se disperseront çà et là. Prenons quelques abeilles et plaçons-les dans la ruche contenant leur mère, ou seulement devant l'entrée. Qu'en adviendra-t-il ? Elles partiront aussitôt avertir l'essaim qui rejoindra sa mère tout de suite.

Nous avons déjà signalé par quel « langage » les ouvrières communiquent entre elles.

Quel mystère entre l'ouvrière et le mâle ! qui pourra le comprendre ?

CHAPITRE II

TRANSVASEMENT

Transvaser une colonie, c'est-à-dire la mettre d'une ruche dans une autre, demande une certaine habileté et de l'expérience, surtout quand elle a toutes ses constructions. Dans ce cas, l'opération devient un peu plus longue et plus délicate, mais elle est aisée à faire si l'on possède bien le maniement des abeilles et une bonne méthode. Pour un essaim nouvellement arrivé, elle est encore plus simple et facile, puisque les ouvrières restent en grappe et n'occupent que peu de cadres.

Quels sont les motifs pour procéder au transvasement des mouches ou à un changement de ruche ? A notre avis, ils sont de quatre :

1º Une ruche mal faite ou délabrée.

2º Un essaim installé dans une caisse-ruche provisoire.

3º Une ruchée infestée de teignes.

4º Une colonie devant être réunie à une autre.

Il y a plusieurs manières de faire le transvasement, ainsi que les différentes opérations dont nous allons parler dans les chapitres suivants; mais, fidèles à notre principe, nous n'indiquerons que les méthodes pratiques, éprouvées, en un mot : celles qui nous ont toujours le mieux réussi.

Préparatifs. — A 5 heures du soir, prenons une ruche vide et propre, des tablettes, la brosse, les toiles phéniquées, l'enfumoir allumé et des combustibles, une lame à séparer les cadres, une planche destinée à être mise devant le placet; couvrons-nous le visage du voile et portons-nous à l'endroit où nous voulons opérer.

Comme ces dispositions et précautions sont les mêmes dans d'autres opérations, nous ne les répéterons plus.

Manière d'opérer. — Enfumons assez la ruchée mère et posons-la de côté. Mettons à sa place la nouvelle ruche ouverte d'un côté, couverte de l'autre par une toile ou quelques planchettes que nous enlèverons progressivement en y mettant les cadres.

Pendant que les abeilles se gorgent de miel, et tombent sous l'influence de la fumée qui produit sur leur système nerveux une sorte d'anesthésie, détachons tous les cadres sans les écarter. Enlevons ensuite la dernière tablette et glissons, en poussant le premier, tous les cadres en arrière jusqu'à la paroi; lançons un peu de fumée sur l'ouverture ainsi faite, si besoin en est, pour maintenir les mouches en respect. Maintenant, un à un retirons les cadres et plaçons-les dans le même ordre dans la nouvelle ruche, en ayant soin de ne pas écraser d'abeilles; ceci fait, fermons-la. Prenons la vieille ruche, — ou la caisse — secouons-en les abeilles sur la planche devant l'entrée, puis, l'ayant mise de côté, chassons-en par la fumée celles qui s'y trouveraient encore.

Toutes les ouvrières sont-elles entrées dans la nouvelle demeure ? Si oui, enlevons la planche de devant, rétrécissons le trou de vol, emportons l'ancienne ruche et tous les instruments. La nuit venue, ou le lendemain matin, nous ouvrirons l'entrée normalement.

Emploi de la fumée. — Quand on opère sur un essaim en grappe, la fumée n'est pas indispensable : elle en occasionne souvent la débandade. Evidemment, on ne peut pas donner une règle absolue pour l'emploi de la fumée. L'apiculteur doit en être juge et l'expérience l'en instruira. L'humeur des mouches dépend beaucoup des conditions atmosphériques et même des dispositions physiques et morales de l'opérateur, mais particulièrement de la réserve en miel.

Les abeilles d'Afrique domestiquées sont très douces et se tiennent tranquilles sur les rayons. On les irrite plutôt en leur lançant violemment des bouffées de fumée, soit par l'entrée, soit par le haut; car elles y sont très sensibles : il n'en faut pas beaucoup pour les mettre en état de bruissement. Cet état se reconnaît quand, après un bourdonnement sonore et prolongé, succède un léger sifflement : les abeilles sont alors inoffensives.

Donc, employons la fumée : 1° *posément*, en laissant aux ouvrières le temps de se gorger de miel; 2° *judicieusement*, en ne les étourdissant pas trop.

En dehors des transvasements et des réunions, nous conseillons de n'enfumer la ruche par le trou de vol — encore préférons-nous le faire par en haut — que dans une nécessité absolue, la fumée étant malsaine pour le couvain. Notre système de cadres a ceci de bon :

tenir facilement en respect les abeilles de l'endroit à visiter ou à opérer, — sans avoir à enfumer toute la ruche — en y projetant doucement un peu de fumée par le haut.

La fumée peut être produite par la combustion sans flamme de chiffons, toile de sac, copeaux, carton, etc. La fumée de tabac, agissant plus efficacement mais plus violemment sur les mouches, ne doit pas être employée comme usage courant. Tout au plus, pourra-t-on s'en servir contre une colonie très méchante ou peu sensible à la fumée ordinaire. Néanmoins, pour l'apiculteur fumeur, la pipe peut tenir lieu d'enfumoir dans de simples inspections, de petites opérations où il n'est pas nécessaire d'enfumer toute la ruche : c'est même commode et cela dispense d'avoir un aide faisant l'office d'enfumeur.

Vu la nocivité de la fumée pour les abeilles en général et le couvain en particulier, il serait à souhaiter qu'on trouvât un moyen, moins violent, moins nuisible, de calmer les mouches, de les rendre inoffensives. Aussi cherchons-nous dans ce sens. Depuis 1921 nous employons avec succès le baume du Pérou, contre les piqûres au visage et aux mains. Nous nous servons aussi, dans certaines opérations, du papier d'Arménie dont la fumée aromatique produit d'heureux effets. Mais nous nous efforçons actuellement de trouver mieux : ou une matière combustible, ou une essence très volatile, ayant la propriété de maintenir les abeilles calmes par leur doux arome, de les rendre inoffensives par leur émanation pénétrante, sans pourtant être nuisible au système nerveux des mouches.

CHAPITRE III

RÉUNION

Cette opération consiste à faire accepter à une colonie en place une autre qu'on veut lui adjoindre, dans le but de la fortifier, ou de la sauver de l'orphelinage. Pour la réussite ou la facilité d'une réunion, il faut considérer trois choses, ou plutôt, il faut disposer de trois facteurs : 1º force à peu près égale des populations à réunir; 2º saison propice, c'est-à-dire présence de miel dans les deux ruches; 3º avoir les deux colonies l'une près de l'autre.

Quand on veut réunir deux colonies ayant chacune sa mère, il est préférable d'en supprimer une, évidemment la moins bonne, soit un jour, soit immédiatement avant l'opération; la réunion peut se faire sans l'enlèvement de l'une d'elles : l'ennui de la chercher et de la trouver est ainsi évité, c'est vrai; mais elle a souvent des suites incertaines, fâcheuses même, dans ce sens que : 1º le combat entre les deux partis est plus difficile à éviter ou à dompter; 2º dans la lutte entre les deux femelles, la meilleure pourrait succomber; 3º presque toujours, la population réunie ou transvasée se réforme et déserte le lendemain, si l'on ne prend pas la précaution de laisser l'entrée diminuée à 5 mm. pendant 4 à 6 jours.

En conséquence, nous pratiquons toujours la suppression de la mère défectueuse, et aussi parce que notre système de cadres nous permet de la trouver rapidement, quelle que soit la force de la colonie. Par ce mot « défectueux », nous n'entendons pas seulement les mères, mais aussi leur progéniture. Sélectionnons les races : supprimons les ruchées méchantes, intraitables; gardons et élevons les populations actives, douces, productives, et dont la mère est prolifique. La réunion peut servir à cette sélection.

Méthode indirecte en deux périodes, convenant particulièrement à des colonies de force inégale, à une introduction ou une substitution de mère accompagnée d'abeilles.

a) *Recherches et suppression de la mère.*

Vers 5 heures du soir, prenons les outils nécessaires, mais au lieu d'une ruche, nous aurons à notre disposition une boîte « porte-rayons » pour y mettre les cadres superflus enlevés à l'une des ruches, afin d'y avoir assez de place pour ceux pleins de la colonie à adjoindre. Pendant la recherche, employons très peu de fumée, selon besoin, mais seulement au-dessus des cadres et non pas dans la ruche, sans quoi la mère s'éloignerait de sa place. Celle-là se trouve toujours sur un rayon d'œufs ou de jeune couvain. En conséquence : bien connaître sa ruche, savoir où est ce couvain.

Opération. — Découvrons la ruche, détachons-en les cadres et les tablettes, sans les écarter à jour ; enlevons-en une ou deux de façon à avoir une ouverture d'au moins 10 cm., projetons-y doucement un peu de fumée et couvrons-la d'une toile.

Ouvrons hardiment à l'endroit du couvain en poussant tous les cadres en arrière, assez pour pouvoir plonger le regard sur chaque face des rayons écartés. Si la mère n'y est pas, reculons les cadres un à un, jusqu'à ce qu'elle se présente. La voyons-nous ? tirons le cadre dehors et avec les doigts, mieux avec une pincette ; saisissons-la, pressons-la fortement au corselet et mettons-la de côté. Replaçons le cadre, joignons les autres, retirons ceux qui sont vides ou superflus et mettons-les dans la boîte *ad hoc* ; puis, avant de fermer la ruche, rejetons-y la mère expirante ou morte.

b) *Réunion par transvasement*

Le lendemain, vers 17 heures, procédons à la réunion proprement dite ; nous aurons pris les précautions et les dispositions utiles comme pour un transvasement. Nous supposons que les deux ruches sont l'une près de l'autre.

Opération. — Enfumons-les successivement, détachons-en cadres et planchettes ; plaçons la planche devant le placet de la ruche orpheline enlevons-lui quelques tablettes et couvrons l'ouverture de la toile. Allons à l'autre colonie, retirons-en une planchette et poussons tous les cadres en arrière. Couvrons avec une autre toile, après avoir envoyé un peu de fumée.

Maintenant opérons avec calme, sans nous presser, avec ordre, en mettant le couvain parmi le couvain, le miel parmi le miel.

Ecartons les cadres de l'orpheline, tirons-en de l'autre colonie un ou deux et intercalons-les dans celle-là ; rejoignons les rayons tout en séparant les suivants. Continuons ainsi de suite, par un ou deux cadres, de telle façon que les deux populations soient mélangées intimement. Arrivé aux tablettes où sont peut-être accrochés des groupes d'abeilles, enlevons-les une à une et secouons ou brossons-en les ouvrières soit dans la ruche, soit après avoir chassé les gardiennes, sur la planche devant l'entrée ; versons-y également les abeilles restées dans l'ancienne ruche. Les ouvrières sont-elles entrées ? Diminuons le trou de vol, emportons la ruche vide, la boîte, la planche et les outils.

Si, après avoir opéré, on remarquait une lutte, — c'est bien rare — on enfumera un peu par l'entrée.

Lorsqu'on opère sur deux populations éloignées l'une de l'autre, on met à la place de celle emportée une ruchette garnie d'un rayon vide, pour recevoir les ouvrières qui seraient allées butiner, ou qui retourneraient à l'ancien endroit pendant la réunion. On laissera alors, pendant un ou deux jours, une planche inclinée devant la ruche opérée, afin que les abeilles déplacées reconnaissent plus facilement leur nouvel emplacement.

Cette double méthode de réunion, bien qu'elle demande à l'apiculteur plus de temps, autant d'adresse que de sang-froid, nous paraît cependant, de toutes celles essayées par nous, la meilleure dans ses résultats.

Méthode directe, en une seule période, convenant aux colonies de force égale et à des essaims nouveaux.

On suivra les instructions données dans la méthode indirecte, pour les opérations de suppression et de réunion, mais en sens inverse, puisque c'est la colonie orpheline qui doit être transvasée dans l'autre ruche. Ce procédé de réunion exige moins de temps, mais surtout de l'habileté, de la rapidité et un très bon maniement des abeilles.

Opération. — Après avoir pratiqué la suppression et l'enlèvement de la femelle, on procède immédiatement à la réunion de la population rendue orpheline momentanément avec la colonie gardant sa mère.

Réflexions sur notre méthode indirecte

On se demandera, sans doute, pourquoi laisser la mère morte dans la ruche, et pourquoi réunir une colonie avec mère à une orpheline, alors que le contraire se pratique généralement, comme dans la méthode directe. Notre manière d'agir a probablement quelque chose d'anormal ou de nouveau, mais elle est justifiée par les échecs subis, par les réussites faites, qu'il serait trop long d'énumérer en détail. Donnons pourtant quelques explications pour l'édification du novice.

En apiculture, moins peut-être que dans n'importe quel autre élevage, l'homme ne peut imposer sa volonté, sa manière de voir et de faire d'une façon absolue : il lui faut compter avec les mœurs de ses abeilles. Il ne s'agit pas seulement de constater les échecs et d'enregistrer les succès, il faut encore trouver les causes des uns et les raisons des autres.

On ne peut pas supprimer les mœurs et l'instinct des animaux, mais on arrive à les modifier peu à peu, en les guidant par la raison, tout en les respectant. C'est pourquoi il est nécessaire de les étudier, de les connaître.

Une expérience, une opération n'a-t-elle pas réussi ? On cherche le « pourquoi » des circonstances, des lieux, des conditions ; on la recommence sous une autre forme, avec une autre combinaison, et souvent, sinon toujours, on trouve la ou les causes de la non-réussite.

Il n'est pas rare que les abeilles montrent elles-mêmes ou le défaut d'une opération, ou une manière de la mieux faire ; il suffit, pour en en profiter, de savoir les observer et surtout... « *de réfléchir* ».

Par conséquent, si nous voulons réussir en apiculture, combinons, pour ainsi dire, notre raison avec l'instinct et les mœurs de nos abeilles. Cela s'appelle « *faire de l'apiculture rationnelle* ».

Revenons à notre sujet.

a) *Suppression de la mère*. — Cette opération peut se faire, soit la veille au soir, soit le matin du jour de la réunion projetée. Il est préférable de l'exécuter le soir. Si on n'a pu la pratiquer la veille, pour une raison ou une autre, on la fera le lendemain matin de bonne heure ; mais alors, la présence, dans la ruche, de la mère expirante ou morte est de rigueur, sans cela, neuf fois sur dix, son enlèvement produirait ou la destruction du couvain, ou la désertion, ou le pillage, parfois les trois en même temps ; nous avons eu de ces exemples !...

Lors d'un enlèvement, il se passe généralement deux à trois heures avant que les ouvrières s'aperçoivent de l'absence de leur mère. L'alarme en est-elle donnée ? Elles deviennent comme furieuses, comme folles de douleur : elles crient, font du tumulte, sortent de leur ruche, rentrent dans les autres, courent et volent affolées, çà et là, cherchant leur mère disparue. Ces manifestations douloureuses et colériques suffisent pour occasionner les malheurs précités ; de plus, la réunion devient aléatoire.

Rien de tout cela en laissant la femelle expirante dans la ruche : à peine une émotion douloureuse, un crissement plaintif, mais faible, auxquels succède bientôt un calme résigné.

Si la mère est jetée hors la ruche, — 30 à 50 minutes après l'opération — c'est signe que toutes les abeilles connaissent l'orphelinage et, l'attribuant à un accident, s'y résignent sans effervescence, sans excitation. Mais attention ! une précaution à prendre, pour leur faire accepter ainsi ce prétendu accident, est de ne pas toucher la femelle avec les doigts nus, afin de ne pas lui en communiquer l'odeur, sans quoi, elles ne se tromperaient pas sur le matricide. Donc employer une pincette ou un instrument en forme de pince.

b) *Réunion par transvasement.* — Quant à réunir une colonie faible à une forte, une orpheline à une possédant sa mère, nous opérons le plus souvent à l'inverse, avec quelques petites exceptions. On peut parfaitement employer les deux manières.

L'important, pour la réussite d'une réunion, est de savoir mettre les deux partis, l'un vis-à-vis de l'autre, dans la même disposition d'esprit, nous voulons dire : de douceur, de crainte et d'odeur. Comment cela ? Le miel produira la première ; la fumée — d'un combustible de même essence — les deux autres. Pourtant, ces moyens ne suffisent pas toujours à subjuguer la plus forte ruchée ou la colonie en place gardant sa mère. C'est pourquoi, nous préférons la réunion de la population forte à la faible, d'une colonie avec mère à une rendue orpheline.

Nous avons constaté, dans ce cas, que les orphelines n'opposent aucune résistance à leurs nouvelles compagnes forcées : elles semblent même heureuses, contentes d'être secourues, sauvées. Les autres abeilles, se voyant déplacées, ne sont ni agressives parce qu'elles se sentent quelque peu étrangères, ni trop craintives parce qu'elles connaissent la présence de leur mère. Pour l'une ou l'autre de ces raisons, les luttes entre partis sont bien plus rares que dans la réunion inverse : orpheline avec une ruchée mère.

Cependant, pour avoir une réunion facile et calme, il ne faudrait pas attendre plus de vingt-quatre heures après la suppression de la femelle, sinon, les orphelines, ayant commencé des alvéoles maternels, pourraient s'opposer à la venue des autres abeilles, ou même tuer leur mère. Veut-on prévenir semblable malheur ? On enlève, en opérant la suppression le soir, non pas la femelle morte, mais le cadre avec œufs et larves qu'on donne à une autre ruchée ; ou bien, on réunit l'orpheline à celle gardant sa mère, tout simplement.

Voici dans quelles circonstances nous employons ou l'une ou l'autre manière de réunion.

a) Une population logée dans une ruche défectueuse est toujours réunie à une autre, qu'elle soit orpheline ou non.

b) Une colonie méchante rendue orpheline est versée dans la ruche qui garde la mère.

Il en est de même :

c) d'une ruchée restée orpheline plus de vingt-quatre heures, après la suppression de sa mère.

d) d'une orpheline ayant des ouvrières pondeuses ; mais les abeilles seront simplement brossées devant l'entrée, les rayons ne seront rendus qu'après en avoir enlevé le couvain de mâles.

e) Mêmes opérations pour une ruchée à mère bourdonneuse.

f) et pour une infestée de teignes, — les deux rendues orphelines — les rayons atteints seront détruits.

Rôle et Utilité des Réunions.

Nous pratiquons surtout les réunions pendant la première et la troisième période de l'essaimage, en profitant de l'arrivée de nombreux essaims, dans le but de fortifier ou de régénérer les colonies qui laisseraient à désirer.

Est-il besoin de dire quels avantages résultent de pareilles opérations ? Un apiculteur expérimenté les saisit tout de suite, mais nous croyons devoir les signaler au débutant, au novice.

Ces essaims de la forêt apportent un sang nouveau et souvent pur, alors que quelques-unes de nos ruchées sont peut-être plus ou moins dégénérées par la consanguinité indirecte, ou seulement métissées par suite de croisements ! Mais n'anticipons pas : nous verrons plus loin — élevage des mères — comment il faut procéder pour remonter le courant. Restons dans le rôle principal de la réunion : fortifier une population faible ou moyenne ; et, pour le mieux saisir, considérons ce raisonnement.

1o *Sur un seul essaim.* — Le nouvel arrivant augmente, il est vrai, le nombre de nos ruchées. Or il ne nous sera d'aucune utilité, d'aucun rendement pendant plusieurs mois, puisque tout le miel récolté sera absorbé : *a)* par les ouvrières, pour la production de la cire destinée à construire les rayons ; *b)* par le couvain dont il constitue, mélangé au pollen, la meilleure nourriture. Donc cette nouvelle population a une simple valeur fictive.

2o *Sur une colonie en place.* — Qu'y remarquons-nous ? Etat stationnaire : peu de couvain, peu de miel ; par conséquent, elle possède une mère ou inféconde ou âgée. Or, sa récolte en nectar sera médiocre, sinon nulle, indépendamment de la saison; donc cette ruchée a une valeur passive.

Nous avons deux colonies desquelles nous ne pouvons tirer aucun profit sérieux pendant près de six mois. Pourquoi les laisser ainsi, alors que nous avons le moyen de remédier promptement à cet état de choses ? Eh bien! opérons la réunion des deux, et les résultats seront les suivants : la nouvelle colonie est saine et populeuse; les butineuses sont libres d'aller aux champs, puisque les constructions sont faites — au moins la plupart; — le miel abonde, la ponte s'accélère, le couvain augmente, les bâtisses — s'il en reste à faire — s'achèvent rapidement pour recevoir le surplus en nectar.

Conclusion : Au lieu de deux ruchées d'une valeur fictive et improductive, nous en avons une d'une valeur réelle et d'un rendement supérieur à deux colonies moyennes, et cela immédiatement.

Voilà l'utilité de la réunion!

Quant à la manière de renforcer une population faible, autrement que par la réunion : en prélevant à une ruchée surpeuplée et riche des cadres de couvain et de miel pour les donner à la faible, nous ne la conseillons point. Les résultats de cette méthode ne sont ni sûrs ni durables. On habitue plutôt les abeilles secourues à la paresse et même au pillage.

CHAPITRE IV

ESSAIMAGE

L'essaimage est l'émigration d'une grande partie de la population, en vue de chercher une autre habitation.

a) *Naturel.* — Il est « naturel » lorsque les abeilles quittent d'elles-mêmes la ruche, par suite du manque d'aération ou de place résultant de l'augmentation rapide du couvain et du miel. Pour l'une ou l'autre de ces causes, les ouvrières sont forcément obligées d'essaimer; quant à l'apiculteur elles ne sont qu'accidentelles, puisqu'il dépend de lui ou de provoquer ou d'arrêter l'émigration. Nous allons le voir.

Utilité ou nuisibilité de l'essaimage. — L'essaimage naturel est-il utile ou nuisible à l'apiculture rationnelle et méthodique ?

Dans une contrée, comme l'Afrique-Équatoriale, où les essaims naturels pullulent, nous n'hésitons pas à dire qu'il est plutôt nuisible à un rucher établi, et qu'il doit y être enrayé par tous les moyens. Mais, abstraction faite de cette contrée, il peut être ou utile ou nuisible selon les buts que se propose l'apiculteur.

Ainsi, pour un apiculteur-éleveur, qui n'a en vue que de multiplier rapidement ses colonies, dans le but d'en revendre le plus grand nombre chaque année, certainement son intérêt est de favoriser l'essaimage naturel. Comme celui-ci est souvent aléatoire, il aurait avantage, s'il est bon manieur d'abeilles, à pratiquer l'essaimage artificiel en prévenant le naturel.

Bien que nous ne soyons pas partisan de cette opération, et ne l'ayons pratiquée qu'à titre d'amateur, — et pour cause! — nous en indiquerons plus loin notre méthode. Elle pourra servir à ceux qui, désirant augmenter leurs ruchées plus sûrement, ne se trouvent pas, comme nous, dans une région aussi favorisée en essaims libres que celle du Moyen-Congo.

Pour l'apiculteur, qui exploite méthodiquement ses colonies afin d'avoir le plus grand rendement en miel et même en cire, évidemment son intérêt est de supprimer ou, du moins, d'empêcher l'essaimage naturel, surtout quand il ne veut pas aller au delà d'un nombre de ruchées fixe en rapport avec la richesse mellifère du pays.

Ceci est très important; car il est inutile et même désastreux d'augmenter ses colonies au delà du nombre que la contrée peut nourrir. Ce péché d'excès, si l'on peut dire, de multiplier vite, toujours et encore, est commun à tous les débutants, à tous les amateurs. Nous n'y avons pas échappé; aussi ne saurions-nous assez répéter cette sage sentence des maîtres-apiculteurs : « *Avoir peu de colonies, mais les maintenir populeuses.* »

Moyens d'empêcher l'essaimage naturel. — Pour atteindre ce but, il faut :

1º Avoir des ruches bien conditionnées.

2º Les visiter souvent pendant la bonne saison, — septembre à mai, — et même pendant la saison sèche, afin de surveiller le remplissage des rayons.

3º Retirer un certain nombre de gâteaux de miel, dès qu'ils sont operculés ou seulement remplis; avancer vers le couvain ceux qui restent à remplir.

4º Restreindre le champ de ponte de la mère, en ne lui laissant que 7 ou 8 cadres représentant environ 60.000 alvéoles. Pour l'empêcher d'aller plus loin, il suffit qu'il y ait, après le dernier cadre de couvain, un rayon de miel ou encore un cadre de partition en toile métallique.

5º Veiller néanmoins à ce que la femelle ait assez de place, sinon, ajouter des cadres amorcés ou entièrement garnis de cire gaufrée, ou bien des rayons vides mais propres, soit dans, soit après le nid à couvain.

6º Eviter que celui-ci soit divisé par des gâteaux de miel; en ce cas, les enlever et raccorder le couvain.

7º Dans l'adjonction de cadres pour le nectar, mêler aux rayons construits quelques-uns d'amorcés ou garnis de cire : les jeunes abeilles, n'allant pas encore à la récolte, sentent le besoin de bâtir.

8º Garder sur un côté de la ruche, — compartiment de miel — un vidé de 3 cm. au moins, afin que les jeunes ouvrières puissent s'y réfugier et ne pas gêner le va-et-vient des travailleuses. De cette façon, non seulement on empêche l'essaimage, mais encore on augmente le rendement en miel et en cire.

b) *Artificiel.* — On le nomme ainsi, parce que l'apiculteur lui-même le produit, suivant une méthode établie.

Voici celle que nous préférons. Elle consiste à tirer, d'une ruchée très peuplée pendant la saison propice, trois cadres de couvain et de miel chargés d'abeilles avec la mère, et les mettre dans une ruche contenant quatre cadres garnis de rayons vides et une planche de division.

C'est une opération assez délicate, exigeant de l'apiculteur du tact, de l'habileté et du sang-froid, d'autant plus qu'il doit se passer de la fumée ou n'en employer que très peu.

Pour réussir un essaim artificiel en Afrique-Équatoriale, il est indispensable d'y avoir ou la mère ou un alvéole maternel operculé. S'il n'en existait pas, il y faudrait la mère, sans quoi les ouvrières abandonneraient la nouvelle habitation, fût-elle mise à la place de la souche.

L'artificiel a ceci de particulier :

a) Il corrige ce qu'il y a d'aléatoire dans le naturel.

b) Il n'affaiblit pas la ruchée mère autant que le naturel.

c) Il fait gagner un temps considérable à l'apiculteur qui ne peut ou ne veut surveiller ses colonies pendant des heures et même des jours entiers.

Manière d'opérer un essaim artificiel.

Nous connaissons déjà les préliminaires de l'opération, et nous savons comment chercher et trouver la femelle.

Donc, notre nouvelle ruche ayant été mise à côté de la souche, ouvrons celle-ci et assurons-nous d'abord de la mère. S'il est difficile de la voir, de la distinguer à cause du grand nombre d'ouvrières, élevons de moitié le cadre et inspectons-le sur ses deux faces. Avons-nous la mère ? Retirons vivement le rayon et mettons-le dans la nouvelle ruche entre les quatre cadres ; couvrons avec la toile. Enlevons de la souche trois autres cadres : deux de couvain operculé et un de miel non operculé chargés d'abeilles ; posons-les avec celui qui porte la femelle. Joignons les rayons, fermons la ruche et son entrée, portons l'essaim à une autre place. Revenant à la souche, ramenons les cadres, ajoutons-y trois autres, fermons la ruche.

Remarques. — Après avoir retiré le cadre portant la mère, on peut enfumer la ruche si les abeilles se montrent indociles.

Croit-on n'avoir pas assez d'ouvrières dans l'essaim artificiel ? On pourra en prendre sur un ou deux rayons, en les brossant sur la planchette de vol.

En déplaçant l'essaim, éviter de laisser des abeilles sur le placet ; sans cela, elles donneraient l'alarme à la colonie orpheline qui déserterait peut-être le lendemain.

Pour parer à la même éventualité, on n'ouvrira l'entrée de l'essaim qu'à la nuit, et on la tiendra fermée au moyen d'un grillage, pendant deux jours, afin d'empêcher les abeilles de rejoindre l'ancienne ruche.

Toutefois, si la souche conservait la mère, il ne faudrait pas laisser claustrées ces milliers d'ouvrières, sous peine de les asphyxier. Il arrivera seulement ceci : le lendemain, beaucoup de butineuses retourneront à leur ancienne place et ainsi renforceront l'essaim.

Enfin, — nous avons déjà signalé pourquoi, — on laissera une planche inclinée devant la ruche permutée ou déplacée.

Considérations sur la réussite d'un essaim artificiel.

Nous avons dit que, pour réussir un essaim artificiel, — non pas dans l'opération même, mais dans ses effets, — il y faut ou la mère ou un alvéole maternel operculé.

Il pourrait arriver que nous nous trouvions dans l'un des cas suivants : « *Présence ou absence d'alvéoles maternels* » et, dans l'un et l'autre cas, que nous ayons ou n'ayons pas la mère dans l'essaim. C'est pourquoi, en opérant, nous devons nous rappeler les précautions à prendre que nous résumons ainsi :

I. — PRÉSENCE D'ALVÉOLES MATERNELS

1º *La mère est dans l'essaim.* — Il faut :

a) Eviter de prendre ou de garder le cadre portant ces alvéoles;

b) Les supprimer si la souche en contient encore; si non :

c) Y replacer le rayon qui les porte, après les avoir détruits tous, sauf deux.

2º *La mère est restée dans la souche.* — Il faut :

a) Avoir dans l'essaim un cadre pourvu d'alvéoles.

b) En laisser deux et supprimer les autres.

c) Détruire, dans la souche, ceux qui s'y trouveraient encore, puisque la mère reste. Sans cette précaution, nous aurions, quelques jours plus tard, un essaim naturel qui rendrait notre opération inutile.

II. — ABSENCE D'ALVÉOLES MATERNELS

1º *Là mère se trouve dans l'essaim.*

Il faut laisser ou replacer dans la ruchée mère, le cadre d'œufs afin que les orphelines puissent élever une nouvelle femelle.

2º *La mère reste dans la souche.*

Il faut que l'essaim ait ce cadre d'œufs pour la même raison sus-mentionnée.

Très important. — La ruche qui conserve la mère doit être déplacée, qu'elle soit souche ou qu'elle soit essaim.

SIGNES AVANT-COUREURS DE L'ESSAIMAGE NATUREL

1º *Signes éloignés.* — Il est difficile de connaître au juste le jour et l'heure de la sortie d'un essaim, à cause de l'habitude qu'ont les abeilles tropicales de prendre leurs ébats vers 4 heures du soir. Nous savons que l'époque de l'essaimage a lieu à partir du mois d'août et dure jusqu'en mai; et qu'en général l'envol de l'essaim varie entre 10 et 16 heures.

Comment reconnaître qu'une ruchée se prépare à essaimer ? Voici les indices les plus sûrs :

a) Les abeilles font, depuis quelques jours, ce qu'on appelle « *la barbe* » : elles se suspendent nombreuses, formant grappe, au placet devant l'entrée, de 9 à 15 heures.

b) Pendant les heures ordinaires de travail, elles ne manifestent pas la même activité que les autres colonies.

Un autre signe, c'est le chant des mères. Il n'a pas toujours lieu, lors du premier essaim, appelé « primaire », parce que la vieille mère part avec lui; tandis qu'il se fait entendre dans les suivants : « secondaire, tertiaire, etc. », accompagnés généralement par des femelles vierges.

Ce chant consiste en des émissions correspondant à « tut, tut », de la part de la mère libre, prête à partir, et à « couac, couac », du côté des jeunes femelles encore enfermées. Elles se répondent, pour ainsi dire, alternativement.

En allant, le soir venu, — même pendant le jour, — coller son oreille sur une paroi de la ruche, on peut bien distinguer ces chants; parfois, ils sont assez forts pour être saisis en s'arrêtant seulement devant la ruche. On peut être sûr alors qu'un essaim se prépare au voyage. En conséquence, il faudrait le surveiller soi-même, chose peu agréable, ou le faire surveiller, ce qui est assez problématique quant au résultat.

Le mieux est d'employer le moyen que nous avons indiqué (voir IVᵉ partie, chap. I, § 7). En effet, il n'est pas rare de trouver un bel après-midi, un essaim tout installé dans une de ces ruches « *ad hoc* ». En ce cas, on se demanderait de quelle ruche il est sorti. Ce n'est pas difficile à trouver : les abeilles de la colonie éprouvée ne feront plus la barbe. Ce signe est-il incertain ? Voici un moyen quasi infaillible. Prenons au nouvel essaim, après l'avoir mis à l'emplacement définitif, une petite poignée d'ouvrières, — dans un verre à boire, — saupoudrons-les de farine, jetons-les en l'air à quelques mètres des ruches. Suivons du regard les abeilles enfarinées : elles ne manqueront pas de rallier l'ancienne colonie d'où elles sont sorties. Si non, elles proviennent, non pas de notre apier, mais d'un essaim vagabond ou d'un rucher voisin.

2º *Signes proches*. — Le jour où l'essaim se forme et se prépare au départ, on entend dans la ruche un bourdonnement sonore, des crissements inaccoutumés, le travail est suspendu. Les abeilles sont agitées, inquiètes : elles courent çà et là, partent, reviennent, volent devant et autour de la ruche, en dessinant des courbes.

C'est la résolution de partir.

D'abord peu nombreuses, les ouvrières se multiplient de plus en plus, élargissant les cercles, gagnant en spirales vers les hauteurs.

C'est le signal du départ.

Elles se précipitent alors en un jet continu hors de la ruche et tourbillonnent quelques instants dans les airs.

C'est la formation de l'essaim.

Bientôt, toute la nuée d'abeilles ou bien descend s'accrocher à une branche d'arbre, à proximité du rucher, et forme la grappe; ou bien entre dans une ruche repérée d'avance; ou encore s'éloigne rapidement de l'apier.

Si l'apiculteur se trouve à ce moment au rucher, il fera bien, lorsqu'il remarquera l'hésitation de l'essaim à se poser, — surtout pour un secondaire ou un tertiaire, — de le forcer en lui lançant de l'eau et de le capturer dès qu'il se sera formé en grappe.

L'essaim primaire est le plus important, parce qu'il entraîne la majeure partie des ouvrières. Comme il possède la vieille mère, donc fécondée, il se pose vite et ne s'éloigne pas de l'apier. Il n'en est pas toujours de même avec les essaims :

1º secondaire, sortant environ 6 jours après le primaire ;

2º teritaire, partant 4 jours après le secondaire.

Ces essaims renferment des jeunes femelles vierges, donc non fécondées, qui profitent généralement de l'essaimage pour accomplir leur voyage de noce.

Voilà pourquoi ces sortes d'essaims s'éloignent souvent du rucher, et loin d'être un avantage pour l'apiculteur, parce que de plus en plus réduits, peuvent devenir une plaie en communiquant la fièvre d'essaimage à toutes les colonies.

Moyens de combattre cette fièvre. — Il est bon de réduire cet essaimage intempestif en arrêtant l'essaim secondaire. On évite généralement celui-ci :

a) en installant l'essaim primaire à la place de la souche qu'on porte à un autre endroit ;

b) en enlevant ou en supprimant dans la ruchée mère toutes les cellules maternelles, quelques jours après la sortie de l'essaim primaire, après s'être assuré de la présence d'une jeune mère, soit par le chant, soit plus sûrement par une inspection.

La nouvelle femelle n'éclôt parfois qu'un ou deux jours après le départ de l'essaim. Si l'on doutait de l'éclosion d'une mère, il serait prudent de laisser au moins un alvéole maternel operculé. On en reconnaît une éclosion normale à l'ouverture de la cellule par en bas et non par le côté.

DÉSERTION.

La désertion n'est pas à confondre avec l'essaimage, bien qu'elle présente une certaine analogie avec ce dernier. Elle se produit en dehors de la période de l'émigration : généralement au mois de juin.

Ses causes. — Sa cause principale est la présence des teignes dans la ruche, pour ne pas dire la négligence de l'apiculteur.

En effet, un rucher bien entretenu, intelligemment conduit et surveillé, ne connaîtra guère cette calamité résultant aussi du manque de miel et de couvain pendant la saison sèche.

Elle peut aussi être causée par l'humidité des ruches : donc, veiller à leur bonne ventilation, éviter de les placer dans un endroit malsain, humide.

La désertion est un mal pouvant se communiquer à d'autres colonies même fortes, mais pauvres, — nous l'avons éprouvé — et les abeilles transfuges ne resteront plus sur place, malgré les meilleures précautions.

Ses remèdes. Comment conjurer ce mal ?

1º Suspendre quelque peu la récolte intensive du miel dans les colonies fortes, afin de ne pas trop les appauvrir.

2º Faire en sorte que les autres populations aient du couvain et assez de miel pour pouvoir aisément passer la saison critique : mai à août, pendant laquelle le nectar se fait plus rare.

3º Veiller à ce que la teigne ne se propage pas dans les ruchées faibles ou même moyennes.

Les essaims tardifs, venant aux mois de février et mars, sont plus sujets à la désertion parce qu'ils ne peuvent finir leurs bâtisses et récolter du surplus, surtout si l'arrière-saison pluvieuse — février à mai — est par trop mauvaise. En ce cas, on tâchera de leur venir en aide, en leur donnant de temps à autre un rayon de miel non operculé, s'ils en valent la peine, sinon, on les réunira.

Indices de la désertion. — Les voici :

1º A l'extérieur : peu d'activité de la part des ouvrières, aucun apport en pollen, l'entrée n'est plus gardée.

2º A l'intérieur : peu ou pas de couvain, point de réserve en miel.

En ouvrant la ruche — ne pas l'enfumer — et en écartant les cadres, les abeilles n'opposent aucune résistance, mais battent des ailes, frissonnent du corps, font entendre un bruit sourd de découragement fort impressionnant. Elles sont massées sur les premiers rayons, les autres étant abandonnés parce que ou humides, ou secs, ou envahis par les teignes.

Parfois, ce bruissement est signe d'orphelinage. Pour s'en convaincre, on leur donnera un cadre de miel non operculé ou un peu de miel dans un rayon bâti ; mais le soir, au coucher du soleil, jamais le matin, car l'odeur du miel les excitant pourrait occasionner, sinon un pillage, sûrement la désertion pendant la journée. On visitera les cadres, le lendemain soir vers 5 heures.

S'il y a des œufs nouvellement et régulièrement pondus, la mère est présente, sinon, la colonie est orpheline. On continuera le nourrissage, dans l'un ou l'autre cas, jusqu'à ce qu'on y remédie par la réunion.

CHAPITRE V

ÉLEVAGE DES MÈRES

Pour qu'une ruchée puisse prospérer, elle doit posséder une mère fécondée, jeune et prolifique.

L'apiculteur soigneux ne négligera pas de s'assurer souvent *de visu* de la bonne marche de ses colonies, indice de la présence d'une femelle. Cette bonne marche se manifeste déjà à l'extérieur, par l'activité ininterrompue des ouvrières pendant les heures de butinage. Il n'hésitera pas, lors d'un état stationnaire ou anormal constaté à quelque ruchée, d'y faire l'inspection du nid à couvain, pour en trouver les causes et y porter remède.

En effet, il arrive alors qu'il a affaire à une mère âgée ou peu féconde ou bien à une femelle bourdonneuse, ou encore à une ruchée orpheline.

1º COMMENT RECONNAITRE L'ÉTAT DES COLONIES ?

a) *Colonie avec jeune mère féconde.*

Les signes de prospérité sont :

1º A l'extérieur : une activité fiévreuse, incessante, des ouvrières, un grand apport en pollen et miel.

2º A l'intérieur : un couvain d'ouvrières, nombreux, régulier et compact, peu ou point de couvain de mâles, une bonne provision en miel.

b) *Colonie avec mère âgée ou peu féconde.*

Les apparences extérieures sont souvent trompeuses; mais à l'intérieur on constate un couvain d'ouvrières plus ou moins compact et peu nombreux, tandis que celui de mâles va en augmentant; une réserve médiocre en nectar.

c) *Colonie avec mère bourdonneuse.*

L'activité extérieure est relativement réduite. Le nid ne renferme pas de couvain d'ouvrières, mais seulement de mâles, quoique les œufs soient pondus dans les petites cellules. Celles-ci sont exhaussées et élargies à l'orifice : cette déformation ne trompe pas sur la nature de la femelle.

d) *Colonie orpheline et à ouvrières pondeuses.*

La disparition de la mère peut être reconnue :

1º A l'extérieur, par l'inactivité des abeilles, par l'absence des gardiennes, par un bruissement plaintif et prolongé quand on ouvre la ruche, ou seulement lorsqu'on frappe un coup sec sur la paroi. Après le coup donné, les ouvrières ne se précipitent pas sur le placet comme font les bien portantes, en manifestant leur mauvaise humeur par un sifflement significatif.

2º A l'intérieur : pas d'œufs ni de jeunes larves, si la population est orpheline depuis peu de temps. Les abeilles, au lieu de se tenir serrées sur les rayons, sont dispersées çà et là et par groupes : elles sont timides, elles fuient, et, battant des ailes, émettent un crissement plaintif.

Si l'orphelinage est avancé de plusieurs semaines, on rencontre un couvain réduit et dispersé, des œufs déposés irrégulièrement et souvent, plusieurs dans la même cellule. Le couvain présente souvent la même particularité que celui d'une colonie à femelle non fécondée. Il n'y a pas à s'y tromper : cette ponte est l'œuvre d'abeilles pondeuses ou bourdonneuses.

En conséquence, une ruchée parait-elle douteuse à son activité extérieure, alors que les autres sont toute fièvre ? Elle doit être visitée, examinée, pour en trouver la ou les causes, et on y portera prompt remède.

Le remède n'est pas toujours à la portée des abeilles, — nous l'avons déjà appris ;.— c'est donc l'apiculteur qui doit le fournir ou le faire ; car, lui aussi est arbitre, dans certains cas, de la destinée des ouvrières et des mères. Comment cela ? Par l'élevage et le remplacement des femelles, qu'il peut favoriser, provoquer, exécuter.

Ne l'ayant pas encore expérimenté, nous ne parlerons pas du véritable élevage artificiel qui est une spécialité d'éminents praticiens. Nous en resterons à des méthodes plus naturelles, partant plus faciles, plus sûres et à la portée de tous les apiculteurs, nous voulons dire de tous ceux qui ont peu de temps à consacrer à leurs ruches.

En Afrique-Equatoriale, où il n'y a pas d'hiver et où la ressource en nouveaux essaims de la grande forêt est inépuisable, il n'est nullement besoin, tout comme pour l'essaimage artificiel, de faire un élevage intensif, destiné au remplacement des mères. Néanmoins, ces sortes d'opérations, pratiquées judicieusement et en temps opportun, peuvent avoir leur utilité : nous allons le voir.

2º QUELS SONT LES BUTS DE L'ÉLEVAGE ET DU REMPLACEMENT ?

Il y a d'abord un but tout naturel : sauver les colonies orphelines et à mère bourdonneuse; ensuite, des buts — nous dirons — personnels, intéressés. Voici ceux que nous nous proposons :

1º Entretenir les ruchées toujours populeuses et vigoureuses en jeunes abeilles, afin de bénéficier du plus grand rendement en miel et cire. A cette fin, deux choses sont à faire : empêcher l'essaimage naturel; remplacer les mères au déclin de la deuxième année.

Nous savons que les femelles parfaites vivent à peine trois ans, en Afrique-Équatoriale, et ne sont vraiment fécondes que les deux premières saisons. Au lieu d'attendre que les abeilles se chargent d'élever une nouvelle mère, la troisième année, — nous parlons d'une colonie n'ayant jamais essaimé, — prévenons cet élevage tardif, en supprimant la vieille femelle dès la deuxième, au mois.de février ou mars au plus tard; les ouvrières en feront immédiatement d'autres avec les œufs présents.

2º Améliorer ou conserver la race pure. Pour cela, il faut sélectionner les reproducteurs, mâles et femelles, afin d'empêcher les mésalliances, tout en évitant, autant que possible, la consanguinité, source de dégénérescence.

Essayons de nous faire comprendre.

Amélioration. — Dans notre apier, nous avons des colonies qui se distinguent par leur douceur, leur vigueur, leur production; d'autres sont bonnes : ni douces ni méchantes; enfin quelques-unes, peut-être, défectueuses ou irascibles.

Eh bien! dans l'accouplement, les deux reproducteurs, mâle et femelle, apportent ou les défauts ou les qualités de la race, particulièrement le mâle, puisque, — nous l'avons déjà cité, — les femelles — ouvrières et mères — provenant d'œufs féconds et fécondés, soit avec deux particules sexuelles, tiennent de la race des deux reproducteurs; les mâles, naissant d'œufs féconds mais non fécondés, soit avec une seule particule sexuelle, sont uniquement de la race de leur mère.

Par conséquent, si une femelle vierge, issue d'une espèce douce et bonne, s'alliait à un mâle irascible, la qualité de douceur serait sensiblement diminuée dans sa progéniture femelle : ouvrières et mères. Le contraire serait à désirer, à obtenir par l'union entre un mâle d'une colonie douce et une femelle d'une méchante. Mais, quoi qu'il en soit de ces deux alliances, les mâles, qui en proviennent, gardent les caractères respectifs de leur mère. Cela ne répond pas tout à fait au but que nous poursuivons, lequel est non seulement une amélioration quelconque, mais encore la conservation intégrale de la race.

Conservation. — Voulons-nous sauvegarder les dons précieux dans la descendance mâle et femelle ? Occasionnons, favorisons l'accouplement entre mâles et femelles de mêmes caractères, de mêmes qualités.

A cette fin, supprimons les mâles défectueux, métis, par n'importe quel moyen : pièges, destruction du couvain, etc., ne gardant, n'élevant que ceux des ruchées les meilleures en douceur, vigueur, activité, production. Agissons de même avec les mères pas assez fécondes, tout spécialement avec celles des colonies méchantes, les remplaçant par des femmelles de choix.

En opérant de la sorte, il est indispensable, pour ne pas se tromper, d'avoir un carnet à jour, indiquant les numéros des ruches, l'arrivée des essaims : leur race, leurs qualités et défauts, leur rendement en miel et cire; l'âge et la fécondité des mères, leur élevage, leur rendement; enfin, les diverses opérations : inspection totale ou partielle, transvasement, réunion, essaimage naturel ou artificiel, récolte du miel, introduction de mère, etc.

3º Consanguinité directe et indirecte.

Evidemment, la Providence a pourvu, dans une large mesure, à éviter la consanguinité directe : la jeune femelle vierge n'étant jamais incommodée, dans la ruche, par les mâles quels qu'ils soient, ou utérins ou étrangers, et l'accouplement devant avoir lieu dans les airs.

Nous croyons même, d'après des observations faites sur les agissements des mâles — de deux races — et de la jeune vierge, quelques jours avant le vol et l'accouplement définitifs, — pourquoi la fiancée ne connaîtrait-elle pas, ne choisirait-elle pas d'avance son époux ? — nous croyons donc que les femelles et les mâles issus de la même mère ne s'allient jamais, hormis le cas d'extrême nécessité ou d'impossibilité de faire autrement, ce qui est infiniment rare, *naturellement.*

Il arrive toutefois que, dans un rucher où jamais des essaims étrangers ou nouveaux et d'un autre sang ne sont introduits, la consanguinité indirecte s'établit à la longue et mène à la dégénérescence de la race.

Moyens d'éviter la consanguini'é, autant que possible. — En opérant le remplacement des mères et en procédant à la destruction des mâles défectueux, dans le but d'améliorer ou de conserver la race pure, on ne doit pas oublier de choisir deux colonies à qualités égales, mais à sang différent : l'une pour l'élevage des femelles, l'autre pour celui des mâles. Ainsi on aura grande chance de parer au mal.

Malgré les précautions les plus minutieuses, nous ne prétendons pas arriver à empêcher complètement la consanguinité. De même, pour obvier au croisement des races, le pouvoir de l'apiculteur est limité. Il n'y a qu'une seule solution afin de mettre obstacle à la consanguinité, à la mésalliance, au métissage : trouver le moyen de produire l'accouplement artificiel en lieu clos et contrôlé par l'apiculteur.

Y arrivera-t-on jamais ? Pourquoi pas ?... L'apiculture possède déjà les rayons artificiels, l'essaimage artificiel, l'élevage artificiel des femelles et mâles. Certes, un jour ou l'autre, un éminent apiculteur pourra s'écrier : *Eurêka* (1) !

4° Croisement. — Métissage

Dans un apier possédant plusieurs races d'abeilles, comme le nôtre, il est très difficile, pour ne pas dire impossible, d'empêcher le croisement, d'où découle le métissage et ses divers degrés.

Y a-t-il du bon ou du mauvais dans le croisement des races ? Cela dépend évidemment des différences marquées de caractères et de qualités des variétés, comme entre l'abeille italienne et l'abeille commune. Dans ce cas, le croisement peut être utile, avantageux; mais il n'en est plus de même en Afrique-Équatoriale, où les individus des trois races ont les mêmes caractères physiologiques et spécifiques. Le métissage peut même produire de mauvais effets, non pas au premier degré, mais dans les suivants, par alliance entre mâles et femelles métis et par consanguinité plus ou moins proche.

Effets du croisement. — Abstraction faite de la sélection pour l'amélioration de certaines colonies, — quels que soient leur race ou leur degré de métissage, — nous voulons examiner ici les effets directs du croisement et ceux du métissage. Nous donnons en exemple notre propre rucher, composé de trois variétés d'abeilles.

---

(1) Jusqu'ici, les expériences tentées en Amérique par d'éminents praticiens n'ont eu aucun résultat.

Prenons les deux premières races africaines : la jaune et la noire. De l'alliance d'une femelle de la première avec un mâle de la seconde, il résulte un métissage et les abeilles issues de cette union sont métissées au 1er degré, tandis que les mâles ne le sont pas. En effet, nous remarquons dans cette ruchée, autrefois pure, deux sortes d'ouvrières : jaunes et noires, mais une seule espèce de mâles : jaunes, donc purs.

Maintenant, faisons élever une nouvelle femelle de ce couvain croisé. Nous en aurons une mère métisse — au 1er degré, comme les ouvrières — « qui, fécondée par n'importe quel mâle, produira des abeilles et des mâles métis » (BARTHÉLEMY, *Apiculture française*, juillet 1925) mais les ouvrières le sont au 2e degré, les mâles seulement au premier. Par conséquent, le métissage au 1er degré pour les mâles a lieu au 2e degré de celui des abeilles, et nous constatons dans notre nouvelle colonie deux variétés d'ouvrières : jaunes et jaunes-noires, et deux sortes de mâles : jaunes et noirs.

Supposons que cette mère métissée — au 1er degré — soit fécondée par un mâle de la troisième race : la grise, nous aurons des ouvrières de trois sortes, mais seulement des mâles de deux.

Enfin, si une femelle croisée — au 2e degré — issue de cette dernière union, est fécondée, sa progéniture, mâle et femelle, sera de trois races, naturellement toute proportion gardée quant au nombre et à la couleur des individus se rapprochant de leur race respective.

Nous ne pouvons pas expliquer autrement le spectacle curieux qu'offait notre rucher, au moment de notre départ, renfermant des colonies de trois races : les unes pures, d'autres croisées. De là, des abeilles et des mâles de couleurs respectives, — et même intermédiaires plus ou moins accentuées — dans la proportion des uns et des autres individus de : 1/1 2/1 2/2 3/2 3/3. Pourtant, nous n'avons pas remarqué, en général, une altération sensible des caractères propres aux races, à l'exception d'une ruchée, probablement plus avancée dans les degrés du croisement : alliance entre mâle et femelle métis.

5º COMMENT SORTIR DU MÉTISSAGE ?

C'est difficile et quelque peu long. Heureusement que les essaims de la forêt ne manquent pas ! Ils apportent un sang nouveau et parmi eux se trouve toujours l'un ou l'autre de race pure. En conséquence, nous procédons à la sélection, — d'après la méthode indiquée pour la conservation, — soit par la réunion, soit par l'élevage et le remplacement des mères, dont nous allons donner la manière de faire.

Mais supposons que nous n'ayons pas la ressource en nouveaux essaims. Evidemment, il ne faudrait pas attendre que toutes les ruchées soient métissées. Eh bien! il nous reste au moins une colonie qui soit pure : 1° ou dans la progéniture mâle; 2° ou dans la femelle. Dans l'un ou l'autre cas, nous disposons d'un moyen de réformer l'apier métissé, nous rappelant ceci :

« La descendance mâle d'une femelle, fécondée ou non, tient de la race de sa mère, » et,

« la progéniture femelle d'une mère croisée rapprochera de la race du mâle qui l'aura fécondée. » (BARTHÉLEMY, *Apiculture française*, juillet 1925.)

Donc, hâtons-nous : 1° ou de donner à cette colonie — la mère étant métissée au 1er degré — des rayons à grandes cellules pour avoir des mâles pur sang; 2° ou de tirer de cette ruchée — la mère étant pure — un essaim artificiel (sans elle), afin d'y faire élever une nouvelle femelle.

6° ELEVAGE ARTIFICIEL DES MALES

L'essaim artificiel, mentionné ci-dessus, nous le fournira. Voici comment :

Nous aurons donné au nouvel essaim, non pas des rayons à cellules d'ouvrières, mais des cadres à alvéoles de mâles, ainsi que des provisions suffisantes. Veillons à la formation de la jeune femelle et empêchons-la, à sa naissance, d'être fécondée, de sortir en mettant un zinc perforé devant l'entrée, ou en diminuant celle-ci juste assez pour laisser passer les abeilles. Sans cette précaution, notre opération ne servira de rien. Tenons la mère prisonnière pendant 20 jours — plus, vaut mieux, — jusqu'à ce que le rut soit tombé et qu'elle ait commencé à pondre. La femelle est ainsi rendue bourdonneuse et ne produira que des mâles, mais de race pure.

Il serait plus avantageux de pratiquer cet élevage artificiel au mois d'avril, alors que le naturel cesse dans les autres colonies, et que les vieux mâles auront à peu près disparu.

Pendant le temps de cet élevage, débarrassons toutes les ruchées des mâles métis — s'il en reste — puis, à l'apparition des nouveaux de pur sang, nous détruirons les mères métisses, en en faisant élever d'autres sur place.

La postérité de ces nouvelles mères, alliées aux mâles purs, restera encore métissée, mais se rapprochera de la race pure. On devra donc opérer de nouveau sur ces colonies jusqu'au 2e ou 3e degré, suivant les cas ; en un mot, jusqu'à la venue des mâles et femelles de race.

Naturellement, l'opération serait bien plus simple et plus sûre, si l'on disposait de deux populations de race pure et de sang différent, auxquelles on pourrait faire produire, à l'une des mâles, à l'autre des femelles. On procéderait par une des méthodes suivantes.

7° COMMENT PRATIQUER L'ÉLEVAGE DES MÈRES ?

Il y a plusieurs manières, aussi bonnes les unes que les autres, mais adaptées aux circonstances ou au temps dont on dispose. Voici les méthodes que nous préférons.

A) *Elevage par colonies ou essaims faibles.*

Au lieu de réunir des populations faibles, nous nous en servons, parfois, comme ruchettes d'élevage, appelées aussi nuclei, bien qu'elles diffèrent de ceux-ci.

Opération. — Le soir vers 5 heures, supprimons la mère, enlevons le ou les rayons — sans abeilles — contenant des œufs et dès larves, âgés de moins de trois jours, et donnons-les à une autre ruchée.

Le lendemain — matin ou soir — prélevons à une colonie de choix un rayon d'œufs — sans mère ni ouvrières, — choisissons trois œufs ou vers à des endroits différents et, à l'aide d'un canif, d'une pincette, détruisons autour de chaque œuf ou ver choisi, toutes les cellules et leur contenu. Intercalons ce cadre préparé dans le couvain de la colonie rendue orpheline.

Trois jours après, assurons-nous, d'un coup d'œil rapide, si les abeilles ont édifié des alvéoles maternels sur le rayon donné. Si oui, tout va bien. Ne dérangons plus les orphelines, sachant combien de temps s'écoule depuis la métamorphose à la fécondation de la femelle.

La jeune mère a-t-elle commencé à pondre ? Nous pourrons :

1) ou la prendre et la donner soit par introduction, soit par substitution, à une ruchée rendue orpheline ; et nous servir du reste des abeilles, en les renforçant par deux cadres garnis : l'un de couvain operculé, l'autre d'œufs, pour continuer l'élevage et ainsi de suite ;

2) ou bien, après avoir rendu orpheline une colonie moyenne, opérer la réunion des deux populations.

B) *Elevage sur place.*

1º S'agit-il d'une grande et bonne colonie ?

Après avoir supprimé la mère, on choisira trois œufs ou larves sur un des rayons de couvain présent.

2º S'agit-il d'une forte ruchée ayant besoin d'être améliorée ?

On substituera aux rayons enlevés un autre avec œufs préparés, pris dans une colonie de choix.

Ne pas oublier, lors de ces suppressions, de laisser la mère expirante ou morte dans la ruche.

Les méthodes A et B réussissent très bien en Afrique-Équatoriale, et mieux que celles par nucleus et par essaim artificiel. Les procédés de la méthode B dispensent des ennuis de l'introduction d'une mère, soit isolée, soit accompagnée d'abeilles. Ils retardent un peu l'élevage du couvain; mais on n'a pas les mêmes raisons qu'en Europe de se presser en Afrique-Équatoriale : l'hiver n'y existant pas, l'élevage et le remplacement des femelles peuvent se pratiquer toute l'année. Toutefois, la meilleure époque pour le renouvellement des mères âgées est en mars ou avril, vers la fin de la saison pluvieuse.

Veut-on opérer l'élevage sur plusieurs ruchées à la fois ? Point n'est nécessaire d'employer un rayon entier d'œufs : un morceau large comme la main, collé dans un cadre, suffit amplement.

Désire-t-on, à cette fin, se procurer des œufs chez de bonnes colonies ? Intercaler, dans le jeune couvain, un rayon vide et en cire fraîche, ou simplement un cadre garni de cire gaufrée; la mère y pondra aussitôt.

Enfin, quelle que soit la méthode d'élevage employée, il faut, pour atteindre les buts qu'on se propose, prendre les mesures et les précautions indiquées antérieurement : amélioration, conservation, etc.

8º INTRODUCTION D'UNE MÈRE NOUVELLE

Introduire une femelle nouvelle ou étrangère dans une colonie rendue orpheline, la faire accepter par les abeilles, est plus délicat que d'en faire élever une. Néanmoins, une mère fécondée est plutôt acceptée qu'une femelle vierge. Comme pour l'élevage, il y a plusieurs méthodes, plus ou moins longues, d'opérer une introduction; nous n'indiquerons que celles adaptées aux mœurs des abeilles tropicales.

Précautions à prendre. — Avant tout, quelles qu'elles soient, il faut :

a) Que la population soit vraiment orpheline : la suppression et l'enlèvement de la mère nous l'assurent.

b) Que les abeilles se reconnaissent orphelines, sans retour : l'enlèvement de la mère morte, des rayons d'œufs et de jeunes larves, le leur prouvent. Ces dispositions ne sont pas absolument nécessaires, quand on veut opérer par réunion.

c) Attendre au moins dix heures après la suppression et l'enlèvement de la femelle.

d) Que le miel ne fasse pas défaut, sinon, nourrir la ou les ruchées.

Méthodes d'introduction

1º *D'une mère isolée.* — La présenter au guichet, au moment où les abeilles prennent leurs ébats. Ne la toucher qu'avec les doigts peu parfumés ou enduits de miel.

2º *D'une mère accompagnée de ses ouvrières.* — Opérer par réunion, en enfumant plus ou moins les colonies selon leur force respective. Réunir la plus forte à l'autre, qu'elle ait la mère ou non. C'est la meilleure et la plus sûre des méthodes d'introduction.

CHAPITRE VI

RÉCOLTE DU MIEL

Nous avons dit que les abeilles africaines ne font pas de grandes réserves en miel. Nous en avons cité les causes ; indiquons-en de même les remèdes. Un seul remède, au fond, ou plutôt un secret : savoir diriger les abeilles, savoir les faire travailler. Comment cela ?

1º En choisissant bien l'emplacement pour les ruches.

2º En prélevant souvent les rayons de miel operculés ou seulement remplis, les ouvrières ne les operculant pas toujours.

On n'hésitera donc pas à opérer ce prélèvement une ou même deux fois par mois, si c'est nécessaire.

Evidemment, l'apport en nectar n'est pas toujours égal : il dépend des saisons et de la richesse mellifère de la contrée. L'apiculteur doit être juge des prélèvements à faire et, pour cela, s'assurer souvent de l'état des colonies.

Nous consentons que c'est un dérangement, une petite perte de temps, mais combien ils seront récompensés ! N'en citons, comme exemple, qu'une de nos premières ruchées établie sur cadres vides. Après avoir fini ses constructions, elle nous a encore donné, la première année — septembre à septembre — un surplus de 40 kilos de miel extrait.

Les visites répétées n'incommodent nullement les abeilles, — avec notre système de cadres surtout ; — le contraire serait néfaste, comme nous l'avons expérimenté. En effet, abandonner les abeilles tropicales à elles-mêmes, à leur manière de faire, c'est vraiment perdre son temps, ses efforts, c'est compromettre toute récolte sérieuse.

Remarque-t-on que les ouvrières travaillent à remplir les deux ou trois derniers cadres ? On retire tous ceux qui sont operculés ou pleins.

A se rappeler qu'elles remplissent d'abord les rayons les plus rapprochés du couvain : endroit à surveiller particulièrement.

Quand et comment opérer ?

La récolte peut se faire, soit le matin entre 8 et 10 heures, mieux le soir de 4 à 6 heures. A ces moments, la plupart des vieilles butineuses sont aux champs; les autres abeilles sont plus calmes, plus douces, parce que gorgées de nectar frais.

La manipulation des cadres n'est pas compliquée et va même très vite, quand on en a l'habitude. Tout le secret consiste à garder le calme, le sang-froid, puis dans l'emploi judicieux de la fumée.

Opération. — Nous connaissons déjà les précautions à prendre que la prudence suggère. Nous avons à notre disposition les instruments nécessaires et une boîte pour y mettre les rayons de miel retirés.

Ouvrons la ruche en enlevant la dernière planchette et même le cadre, s'il le faut, afin d'avoir une ouverture d'au moins 5 cm. Projetons-y doucement de la fumée, couvrons avec la toile : le bruissement ne tardera pas à se produire. Détachons les cadres jusqu'au nid à couvain, puis ouvrons hardiment à cet endroit, en glissant vivement les cadres en arrière. Maintenons les abeilles découvertes en respect; si elles se montraient par trop indociles, agressives, nous leur enverrions un peu de fumée dans l'ouverture, la couvrant un moment de la toile. Isolons chaque cadre plein et tirons-le dehors, chassons-en les abeilles par la fumée et la brosse, posons ensuite le rayon dans la boîte, couvrons-la d'un sac ou d'une planche.

Les 3 ou 5 cadres remplis sont retirés en moins de 10 minutes. Le prélèvement jugé suffisant, — ne pas prendre les rayons garnis de miel et de couvain, ni ceux à moitié pleins — couvrons l'ouverture ainsi faite et, glissant les cadres vers le nid, fermons-la ainsi que la ruche en évitant d'écraser des ouvrières à la jonction.

On recommence la récolte sur 2 ou 4 ruches, selon le temps disponible. Les cadres pleins sont immédiatement portés dans une chambre — laboratoire — bien fermée, pour être extraits aussitôt que possible.

A) *Extraction du miel.*

Veut-on conserver les rayons intacts et les rendre aux abeilles ? Il est nécessaire de les faire passer par un appareil à force centrifuge, appelé « extracteur ».

Avant de les y mettre, on les désopercule en enlevant les couvercles des alvéoles. Pour ce faire, on suspend chaque cadre sur un chevalet, sous lequel est placée une bassine qui reçoit les opercules et le miel en découlant. Muni d'un couteau spécial, trempé dans l'eau chaude, on enlève la croûte cirière, d'abord sur une face, puis, tournant le rayon, sur l'autre face.

Ainsi préparés, les cadres sont placés par deux ou quatre, suivant le modèle de l'extracteur, dans la cage grillagée. On la fait tourner d'abord lentement, ensuite de plus en plus vite, jusqu'à ce que les alvéoles soient débarrassés du miel; on retourne les rayons pour en extraire l'autre côté.

Le miel extrait est reçu au sortir de l'extracteur à travers un tamis, dans un récipient en fer-blanc ou en tôle appelé « maturateur », où on le laisse reposer, mûrir, huit à quinze jours. A-t-on seulement une petite quantité de miel ? On le met de suite dans des bocaux en verre, en grés, ou dans des boîtes en fer-blanc, — ne jamais employer de récipient en cuivre ou zinc, le miel attaquant ces métaux — puis on les ferme hermétiquement.

Les rayons extraits, seront rendus aux colonies le plus tôt possible, car ils ne se conservent pas longtemps sous le ciel tropical, vu la grande chaleur humide. Ne jamais les donner le matin, mais le soir, au coucher du soleil : l'odeur du miel, excitant les abeilles sur place et attirant celles des autres ruches, pourrait mettre le trouble et même le pillage dans l'apier.

Les rayons nettoyés et secs se gardent indéfiniment ; seulement il faut les mettre à l'abri des teignes, dans une caisse ou une armoire fermant hermétiquement. De temps à autre, on y fera une fumigation au soufre. Ce moyen préservatif, consistant à faire brûler du soufre sur quelques charbons ardents, — à défaut de mèches, — est de beaucoup plus efficace que les boules de naphtaline : non seulement il éloigne les teignes, mais encore tue les œufs et vers qui peuvent se trouver dans des alvéoles.

B) *Extraction de la cire.*

Un apiculteur soigneux ramassera tous les débris de cire provenant, soit des opercules lavés soit des rayons brisés. Il les fera fondre dans une casserole remplie à moitié d'eau, qu'il mettra à chauffer sur le feu. Ne pas mélanger la jeune cire avec la vieille, ni aller jusqu'à l'ébullition de la cire.

Les opercules et les rayons, n'ayant contenu que du miel, se fondent rapidement et donnent toute la cire. C'est la meilleure. Il n'en va plus de même des rayons, plus ou moins vieux, ayant servi à l'élevage du couvain.

Pour en extraire toute la cire possible, voici notre manière : Briser les rayons, mettre les morceaux dans une poche en toile grossière, tenir celle-ci immergée dans l'eau bouillante. La bonne cire surnage, mais il en reste dans les détritus du fond. Retirer alors la poche et la soumettre à la presse. Deux fortes planches peuvent faire l'affaire, quand on n'a qu'une petite quantité à extraire.

Épuration. — La cire fondue surnage l'eau, se fige par refroidissement et forme une croûte qu'on enlève. Les grosses impuretés restent au fond de la casserole, les petites s'attachent à la croûte. On la nettoie à l'aide d'un couteau ; pourtant, la cire obtenue a besoin d'être épurée. On recommence à la refondre une deuxième ou troisième fois, mais en plus grande quantité. Les différentes croûtes de cire épurée seront de nouveau fondues, non plus dans l'eau, mais au bain-marie, puis coulées dans des moules pour en faire des pains. Cette cire peut servir à faire des rayons artificiels.

C) *Cire gaufrée.*

Les fondations artificielles des rayons sont des feuilles minces en pure cire d'abeilles. Les fonds des alvéoles d'ouvrières y sont imprimés, en relief, à l'aide de presses cylindriques. On leur donne communément le nom de *cire gaufrée.* Elle se fabrique, en grande quantité, soit en rouleaux, soit en feuilles de toutes dimensions, et on peut se la procurer, dans tous les établissements apicoles, sur mesures données d'après les cadres.

Les avantages qu'on retire de l'emploi de cette cire sont :

1° Obtenir des rayons bien construits, droits, réguliers et solides.

2° Empêcher l'édification des cellules de mâles dans le nid à couvain.

3° Aider les abeilles dans la rapidité de construire et leur épargner du temps et du miel.

Comment en garnir les cadres ? — Emploie-t-on des feuilles entières ? Si la cire est fraîchement gaufrée, elle a tendance à se rétrécir ; on peut souder la feuille sur tous les côtés du cadre. Si elle est sèche, elle tend à s'allonger et se gondoler sous l'action de la chaleur et le poids des abeilles ; on la colle solidement à la traverse supérieure, par endroits aux montants, après avoir coupé la feuille 3 ou 4 mm. moins large, et moins longue de 15 mm. pour le vide entre la traverse inférieure et la cire.

En amorçant simplement les cadres, par des bandes plus ou moins larges, il est avantageux d'en faire de même à la traverse du bas, sur une hauteur de 15 mm. Arrivées au fond, les ouvrières raccorderont le tout, ce qui consolide beaucoup le rayon.

En quel sens placer la feuille ? — A vrai dire, les abeilles s'en soucient fort peu et acceptent avec empressement les fondations fixées dans n'importe quel sens : soit vertical, soit horizontal. Pourtant, il vaut mieux, si on le peut sans avoir des déchets inutilisables, les placer correctement : dans le sens vertical (fig. 6), c'est-à-dire de façon à ce que deux parois de la cellule se présentent verticales à la vue. C'est, d'ailleurs, imiter en cela les abeilles qui en donnent naturellement l'exemple.

Comment fabriquer soi-même « la cire gaufrée » (Voir « Gaufrier », p. 77).

CHAPITRE VIl

LABORATOIRE, INSTRUMENTS APICOLES

A) *Laboratoire.*

C'est une chambre quelconque, à l'écart du rucher, où l'on range les outils apicoles et où l'on fait les préparatifs d'opération, l'extraction de la cire, du miel, etc.

La porte d'entrée doit bien fermer, de façon à empêcher les abeilles d'y pénétrer par les fentes ou les jointures. La fenêtre doit être pourvue extérieurement d'une toile métallique, qu'on laissera dépasser en haut de 5 à 10 cm. Cette bande sera écartée du mur de 7 mm., au moyen de quelques lattes, afin de permettre aux abeilles, qui se trouveraient à l'intérieur, de s'échapper par le haut, mais non pas aux autres du dehors de rentrer.

En extrayant le miel, il est bon d'enfumer un peu la chambre pour détruire l'odeur du miel.

B) *Instruments.*

Les plus indispensables, et qu'il vaut mieux acheter, sont : l'enfumoir, le couteau à désoperculer, le tulle noir et le gaufrier. Les autres : brosse à abeilles, masque, toile phéniquée, tube à souder, guide-soudure, chevalet, extracteur, peuvent être faits sur place par l'apiculteur qui sait s'y prendre.

L'enfumoir est composé d'un foyer en tôle, de forme cylindrique, où se consume, — sans flamme, — sur quelques charbons ardents, la matière à produire la fumée : chiffons, toile de sac, copeaux, etc. Il est surmonté d'un bec mobile, d'où s'échappe la fumée au moyen d'un petit soufflet, adapté et relié au bas du cylindre par un petit tube. Il en existe plusieurs types perfectionnés, notamment l'enfumoir automatique de « de Layens ».

Le couteau à désoperculer est une longue lame en acier à deux tranchants. Il sert à couper les feuilles gaufrées, à tailler les rayons et à enlever les opercules des alvéoles.

La brosse à abeilles est un petit balai à poils longs et souples, servant à débarrasser les rayons des ouvrières qui s'y trouvent. Ce balai peut se faire avec les nervures fines des feuilles de palmier ou de cocotier. Elles sont même préférables aux poils qui irritent plutôt les abeilles. Un pinceau large et plat remplace avantageusement la brosse.

Le masque est un voile en tulle noir qu'on adapte au chapeau, au casque, pour se protéger la figure et le cou contre les piqûres.

La toile phéniquée sert dans les opérations à couvrir l'ouverture de la ruche, à éloigner les abeilles du dedans et du dehors. Elle est imprégnée d'une solution de 3 grammes d'acide phénique par litre d'eau. On peut y ajouter 25 grammes de glycérine pour retarder l'évaporation de l'acide. A défaut de celui-ci, le pétrole peut être employé aux mêmes fins.

Il est avantageux d'avoir, à sa disposition, deux ou trois toiles ainsi préparées. Elles seront conservées dans une boîte bien fermée.

Le tube à souder les rayons ou les fondations de cire gaufrée dans les cadres, est un petit cylindre en fer-blanc, d'une longueur de 12 à 15 cm., d'un diamètre de 12. mm. Il se termine en forme d'un bec de 3 mm. d'ouverture. Plongé dans la cire fondue, il se remplit à volonté, selon qu'on ouvre ou ferme avec le doigt le trou du haut, et ainsi, on fait couler la cire chaude — préalablement additionnée d'essence de térébenthine à 10/100 — le long du cadre, pour y faire adhérer le rayon ou la feuille gaufrée.

Le guide-soudure est une planche de la dimension extérieure du cadre, sur laquelle est clouée une planchette de 11 mm. d'épaisseur et de la dimension intérieure du cadre. Celui-ci est, pour ainsi dire, enchassé sur la tablette, puis, la feuille de cire coupée y est placée et soudée rapidement, impeccablement.

Le chevalet à désoperculer les rayons peut aisément se faire avec une simple planchette, recouverte d'une plaque de tôle ou de fer-blanc, de la dimension du cadre. On applique au dos un contrefort en bois.

L'extracteur. — Cet appareil, de plus en plus perfectionné, coûte assez cher, et bien des apiculteurs hésitent à en faire l'achat, à cause du peu d'importance de leur rucher. Eh bien! on peut encore y suppléer soi-même en Afrique, comme nous l'avons fait au début.

Un tonnelet vide — de 100 litres — et défoncé d'un côté fera l'affaire. A l'intérieur, les parois seront bien nettoyées, puis huilées et vernies si possible. Au fond sur le côté est percé un trou, par où s'écoulera le miel ; au centre du fond, est fixé un pivot qui reçoit l'extrémité de la tige ou axe. Deux encadrements, aux faces extérieures grillagées, y sont vissés et reçoivent les cadres à extraire. On peut aussi faire une cage à quatre rayons. En haut se trouve une traverse en bois, maintenue sur le tonneau et percée au milieu par où passe la tige.

On imprime une rotation rapide simplement avec les mains, ou encore, elle peut être obtenue au moyen de deux roues rainées : l'une petite, fixée sur l'axe ; l'autre plus grande, sur le prolongement de la traverse, les deux étant reliées par une courroie ou une cordelette. On fait actionner l'appareil, en tournant la grande roue sur laquelle est apposée une poignée.

Le gaufrier. — On peut fabriquer soi-même les fondations artificielles, à l'aide d'une presse spéciale, appelée gaufrier. La presse « Rietsche » en est le type. Elle se compose de deux plaques métalliques, sur lesquelles sont gravés, au négatif, les fonds de cellules. En coulant de la cire fondue sur la plaque inférieure et en y appliquant la supérieure — les deux lubrifiées d'eau miellée à 1/1 ou sucrée à 50/100 — on obtient une feuille de cire gaufrée au positif. Il est bon de mélanger à la cire fondue de l'essence de térébenthine à 10/100 ; les feuilles gaufrées obtenues, seront moins cassantes.

En Afrique-Équatoriale, où la cire naturelle ne manque pas, une presse à gaufrer est très pratique et même indispensable, vu la difficulté et la lenteur des transports.

Pourtant, fabriquer soi-même les rayons artificiels est chose assez délicate, et il est difficile de réussir toujours des feuilles bien gaufrées avec la presse métallique, nous l'avons éprouvé. Evidemment plusieurs facteurs entrent en jeu : la fabrication impeccable du moule, la qualité du métal ou de la matière, celle de la cire, un bon lubrifiant et surtout l'habileté de l'apiculteur. N'ayant pu obtenir des résultats satisfaisants avec notre presse métallique, nous avons essayé et réussi à couler un moule en ciment armé qui nous donne des feuilles vraiment bien faites. Nous indiquerons brièvement notre manière de construire un gaufrier en ciment ou en plâtre (1).

Faire deux cadres en bois, absolument semblables, de la grandeur désirée, de 2 cm. 1/2 de haut et 2 cm. d'épais, reliés en arrière par deux fortes charnières, en garnir l'intérieur de vieux clous ; visser, autour du cadre inférieur, un encadrement qui le dépasse de 1 cm. et dont les arrêtes intérieures sont chanfreinées pour recueillir le trop plein de cire. Ceci

---

(1) Dans l'*Apiculture Française*, mai 1927, quelques indications de ce genre ont été données. -

fait, poser une feuille de cire gaufrée, mouillée ou huilée, sur une planche forte bien dressée, y appliquer et fixer le cadre supérieur, puis y verser une quantité de ciment pur délayé d'abord, ajouter ensuite une ou deux autres couches mélangées à un tiers de sable fin lavé, jusqu'à ce que le cadre soit rempli. Humecter de temps en temps le ciment pour qu'il durcisse mieux, laisser prendre pendant douze à dix-huit heures.

La prise jugée suffisante, retourner le moule, couper la cire qui dépasse les bords intérieurs du bois, appliquer le cadre inférieur et y couler du ciment comme précédemment. Laisser reposer près de vingt-quatre heures.

Après ce temps, séparer doucement et lentement les cadres, détacher la feuille de cire. Laisser durcir les moules pendant un jour, en les humectant de temps à autre.

Le gaufrier étant bien sec et dur, lubrifier ses deux faces, avec de l'eau miellée ou sucrée, verser sur la plaque inférieure une quantité suffisante de cire fondue au bain-marie, abaisser aussitôt le couvercle, presser fortement un instant et ouvrir doucement après avoir tranché les bavures de cire. On lubrifie chaque fois la presse si elle ne donne pas deux fois de suite. Eviter qu'elle ne s'échauffe pas trop ; pour ce, la plonger de temps en temps dans l'eau froide. En cas de collage de la feuille, ne pas gratter le moule avec une lame, mais enlever la cire par un lavage à l'eau bouillante ou par l'essence de térébenthine.

Il va sans dire que les premières feuilles n'auront pas la perfection désirée, mais avec l'habitude et un peu d'habileté, on se fait vite au maniement du gaufrier sans plus manquer une seule feuille. Si les rebords des cellules ne sont pas assez profonds, il faudrait graver les moules avant qu'ils soient secs.

CHAPITRE VIII

ENNEMIS DES ABEILLES

A) *Maladies.*

Nous ne saurions parler de maladies telles que : loque, dysenterie, constipation et autres maux, plus ou moins réels, qui affligent les abeilles d'Europe. Les africaines en seraient-elles exemptes ?

Nous n'allons pas jusqu'à l'affirmer. En tout cas, nous n'avons constaté, jusqu'à présent, dans nos ruchées aucun malaise, ayant une analogie quelconque avec les maladies précitées. D'où cela vient-il ?... Du climat ? De la nature, de la constitution des abeilles tropicales ?... Autant de questions à résoudre!

Nous sommes tenté de croire que bien des maladies proviennent du raffinement, des soins par trop artificiels ou superficiels, apportés dans l'élevage de ces insectes, en un mot : dans l'apiculture moderne.

Si les abeilles équatoriales semblent être garanties contre les maladies, en revanche, elles ont des ennemis nombreux, terribles et variés.

B) *Ennemis.*

Leur premier ennemi... c'est l'homme... l'indigène qui, ignorant la culture rationnelle, détruit chaque année quantité de colonies, pour s'emparer d'un peu de miel.

Leur deuxième... ce sont elles-mêmes! Peut-on dire!... et comment cela ? par le pillage. Nous avons pourtant dit que les africaines n'ont pas ce penchant.

Cela est plus vrai, concernant les mouches sauvages de la forêt; quant aux abeilles agglomérées et domestiquées, leur sentiment naturel pour les douceurs défendues peut être excité, provoqué par l'apiculteur ignorant ou peu soigneux, et c'est pourquoi lui-même constitue un autre ennemi, sans le savoir, sans le vouloir.

Pillage. — Nous avons mis en cause l'apiculteur plutôt que les abeilles, parce qu'il dépend surtout de lui de ne pas réveiller chez elles le penchant latent au pillage.

Comment le prévenir ? — Voici :

1º Ne pas isoler les colonies, surtout les faibles.

2º Faire toutes les opérations délicates et importantes le soir, une demi-heure ou une heure avant le coucher du soleil.

3º Eviter de laisser couler du miel à terre ou dans la ruche ; en cas d'accident, effacer tout de suite toutes traces.

4º Ne pas laisser à portée des abeilles des outils englués ou des rayons pourvus de miel.

5º Ne pas donner aux ouvrières l'eau miellée provenant du lavage des opercules, dans le rucher même, mais à 150 ou 200 mètres plus loin. Nous avons supprimé cette manière de faire par suite de luttes locales. Cette eau sera utilement employée dans la fabrication de l'hydromel.

6º Ne pas rendre aux ruches les cadres extraits le matin, mais le soir au coucher du soleil ; il en est de même, lorsqu'on veut nourrir les colonies faibles.

Si, malgré toutes les précautions prises, il arrive un pillage, pour une cause inconnue, on doit y porter remède promptement et autant que possible.

Comment y remédier ?

S'agit-il d'un pillage subtil sans lutte ? On saupoudre de farine les abeilles sortant de la ruche pillée, gorgées de miel et on les suit dans leur vol. On découvre ainsi la ou les colonies coupables. Il y en a toujours une qui se distingue dans le chambardement. Ensuite, avec un grillage, on ferme l'entrée de la ruche assaillie, on ne la rouvre que le soir venu. Le lendemain, si tout est calme, on l'inspectera pour trouver la cause du pillage.

Il peut arriver que la population soit orpheline ou ait déserté. Dans ce cas, on emporte la ruche délaissée ; dans l'autre, on réunit les orphelines aux pillardes ou *vice versa*.

Y a-t-il lutte ? Chasser les pillardes par la fumée, fermer le trou de vol, cacher la ruche avec une planche et, si cela ne suffit pas à éloigner les assaillantes, déplacer la colonie éprouvée jusqu'au soir, puis la remettre en place et ouvrir l'entrée. Le lendemain, on cherchera la cause et on y remédiera suivant le cas.

Autres ennemis. — Après l'indigène ou l'apiculteur ignorant, négligent, routinier, qui asphyxie, écrase, laisse périr ou piller ses abeilles, les autres ennemis se nomment : crapauds, lézards, serpents, libellules, mantes, araignées, certains oiseaux, frelons, guêpes, fourmis, petites et grandes : noires, rouges et blanches, etc.; mais le plus néfaste de tous semble être la teigne, parce qu'elle pénètre dans la ruche, s'y propage et détruit les rayons.

La teigne appelée aussi fausse-teigne.

Il y en a deux sortes : la petite et la grande ou teigne à galeries. Celle-ci est le plus à redouter et le plus difficile à exterminer. Elle est très répandue en Afrique. C'est un papillon de nuit, d'une longueur d'environ 15 mm. d'un gris sale et à quatre ailes repliées sur le corps. La femelle cherche, au coucher du soleil, à pénétrer dans la ruche où elle déposera ses œufs dans les coins et les alvéoles vides des rayons abandonnés. De l'œuf sort un ver qui, se développant progressivement en une chenille de 25 mm. de longueur et 4 mm. d'épaisseur, creuse des galeries dans le rayon, se nourrit de cire et ainsi détruit et dévore les constructions.

Comment en préserver les colonies ?

Tout d'abord, avoir des populations saines et fortes, la teigne n'attaquant que celles qui sont faibles ou orphelines; ensuite, surveiller les colonies nouvelles qui n'ont pas fini leurs bâtisses : les inspecter souvent afin de détruire tout papillon, mâle ou femelle, se trouvant dans le vide de la ruche ou seulement sur la face extérieure des parois; enfin, rétrécir l'entrée en proportion de la garde.

Comment y remédier ?

En opérant le transvasement de la ruchée infestée. On ne prendra que les cadres pleins de couvain et de miel; les autres seront débarrassés des abeilles en les brossant sur une planche placée devant le trou de vol de la nouvelle ruche. Passer les rayons vides, mais intacts, à la fumigation au soufre, ainsi que la vieille ruche; détruire — faire fondre — ceux qui sont attaqués ou percés, car ils ne pourront plus servir, ni pour le couvain, ni pour le miel. D'ailleurs, les abeilles ne les accepteraient plus.

Rappelons-nous donc ceci : il est plus facile de garantir les colonies contre la teigne que de les en délivrer.

La Guêpe ou Philante apivore

Elle ressemble à la guêpe commune d'Europe et est le plus néfaste après la teigne. La femelle a l'abdomen jaune vif, rayé de noir; celui du mâle est noir, strié de blanc. La femelle seule se jette sur l'ouvrière au vol ou la happe sur le placet, la poignarde et lui suce le miel par la bouche; ou encore, elle l'emporte dans son repaire pour servir de nourriture aux larves. Elle apparaît, en grand nombre, pendant la saison des pluies, rarement pendant la saison sèche. En plus qu'elle tue beaucoup d'abeilles, elle les harcèle, les irrite par ses brusques attaques, durant leur repos de 10 à 16 heures.

Comment s'en débarrasser ?

Il faudrait pouvoir découvrir et détruire leurs nids : chose peu aisée en brousse.

A défaut de ce moyen, nous en avons cherché et trouvé un autre, qui donne de bons résultats. Comme ces guêpes se posent toujours sur une surface plane, exposée au soleil, nous disposons, sur les chapiteaux et par terre, à deux mètres des ruches, des planchettes ou des bâtonnets enduits de sève préparée provenant du figuier sauvage. Les philanthes, mâles et femelles, se font prendre par centaines à ces pièges gluants.

On pourra employer tout autre bonne glu inodore et incolore.

Les Fourmis.

Les petites noires ou rouges ne sont pas bien gênantes, on les éloigne facilement en enduisant les pieds du support de carbonyle ou de pétrole.

Les fourmis blanches n'attaquent pas les abeilles, mais rongent et dévorent le bois. Même remède que précédemment ou mieux : placer les ruches sur des soubassements en pierres ou en briques.

Les fourmis rouges sont essentiellement carnivores et se déplacent par colonnes. Nous n'avons pas constaté qu'elles assaillissent les colonies si on les laisse passer librement. En cas d'agression, on pourra leur barrer l'accès des ruches en leur jetant des cendres, de la chaux pulvérisée, de la sciure de bois.

Les fourmis noires de la grande espèce nous semblent plus redoutables que les précédentes. Elles dévorent les abeilles et les attaquent même jusque sur la planchette de vol. Elles ont de fortes pinces, un dard pénétrant, vivent en terre dans des galeries et exhalent une odeur fétide qui irrite les ouvrières.

Le meilleur moyen de s'en débarrasser consiste à les empoisonner, le pétrole étant peu efficace. Le voici :

Le soir, mettre dans les trous de sortie, des tubes contenant du miel ou eau sucrée, empoisonnés à l'arsenic ou autre poison. Le bout du tube, qui sera enfoncé en terre, est recouvert d'un linge ou d'une toile métallique laissant suinter le miel; l'autre extrémité est fermée par un bouchon perforé.

Le lendemain matin, en relevant les pièges, on bouchera bien ces trous, pour que l'odeur du miel n'attire pas les abeilles. Comme les fourmis mangent leurs morts (au lieu de les enterrer), bientôt toute la fourmilière sera empoisonnée et détruite.

Les lézards, les crapauds seront capturés au moyen de petits hameçons fins, amorcés d'abeilles mortes et disposés autour des ruches.

Signalons encore un petit coléoptère noir, ayant la taille et la forme de la coccinelle. Il pénètre dans la ruche, y vit et s'y multiplie. D'après nos observations, nous ne lui connaissons d'autres méfaits que de manger le miel. Il n'est pas précisément un ennemi, mais plutôt un hôte importun. Les fortes ruchées en arrivent aisément à bout.

Parmi les parasites de ce genre, il en est un plus sérieux : *le sphinx* ou tête de mort. C'est un grand papillon de nuit, forçant l'entrée de la ruche pour se gorger de miel. Il paie généralement de sa vie sa hardiesse et sa gourmandise. Donc, veiller à ce que le trou de vol ne soit pas trop ouvert pour la nuit, surtout chez les colonies faibles ou nouvelles.

Quels que soient le genre et le nom des ennemis, nous avons toujours observé que leurs attaques se portent de préférence sur les populations faibles.

En conséquence, Apiculteurs, efforçons-nous :

1º De chercher et d'appliquer tous les moyens propres à exterminer ou, du moins, à diminuer les ennemis de nos chères abeilles.

2º D'aider celles-ci à se défendre efficacement contre eux, et pour cela :

« Maintenons nos colonies populeuses ! »

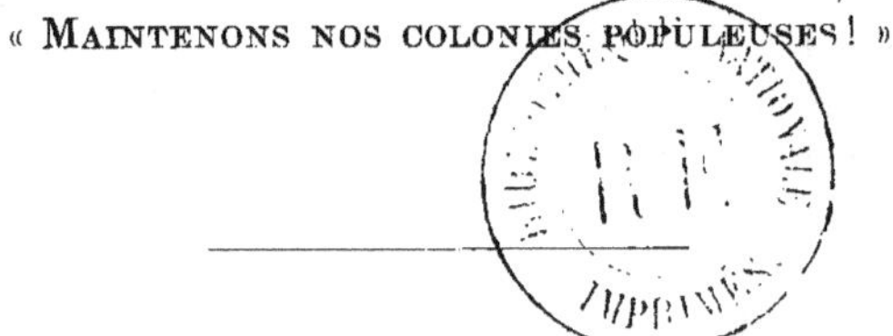

ÉPILOGUE

Par tout ce qui vient d'être écrit, nous ne nous prévalons nullement de nos instructions et de nos méthodes : nous avons déjà dit à qui nous sommes redevables de notre science apicole et aussi de nos succès en Afrique.

Tout apiculteur peut en prendre ou en laisser d'après son expérience personnelle, car notre conviction est celle-ci :

« L'apiculture rationnelle et méthodique doit être, *et avant tout*, basée sur la nature et les mœurs des abeilles et adaptée aux conditions climatériques du pays. »

Si, par ce petit ouvrage. — qui est loin d'être complet — nous pouvons contribuer quelque peu à l'extension de l'apiculture moderne en Afrique-Équatoriale, notre but sera atteint et nous serons largement récompensé de nos peines et de nos efforts.

Brazzaville, octobre 1927.

TABLE DES MATIÈRES

PREMIÈRE PARTIE

Anatomie et Physiologie de l'Abeille

DEUXIÈME PARTIE

Races d'Abeilles

1929. — Imp. Commerciale et Administrative. — Marcel Roux. — 39921